电子元器件检测问答

张伯虎　主编

金盾出版社

内 容 简 介

本书以问答的形式详细讲解了电阻器、电容器、电感器、电声与声电器件、二极管、晶体管、场效应晶体管、晶闸管、光电元器件、显示器件、集成稳压器件、开关与继电器、传感器、集成电路、振荡定时及选频吸收元件、专用元件等检测内容。

本书适合广大电子爱好者，高职高专及中等院校做基础教材使用，也可供电子工程技术人员在专业技术工作中参考。

图书在版编目(CIP)数据

电子元器件检测问答/张伯虎主编 . — 北京:金盾出版社,2017.1
ISBN 978-7-5186-1111-9

Ⅰ.①电… Ⅱ.①张 … Ⅲ.①电子元器件 — 检测—问题解答 Ⅳ.①
TN606 - 44

中国版本图书馆 CIP 数据核字(2016)第 282071 号

金盾出版社出版、总发行
北京太平路 5 号(地铁万寿路站往南)
邮政编码:100036 电话:68214039 83219215
传真:68276683 网址:www.jdcbs.cn
封面印刷:北京军迪印刷有限责任公司
正文印刷:北京军迪印刷有限责任公司
装订:北京军迪印刷有限责任公司
各地新华书店经销
开本:705×1000 1/16 印张:14.5 字数:288 千字
2017 年 1 月第 1 版第 1 次印刷
印数:1～3 000 册 定价:46.00 元

前　言

电子技术是研究电子器件、电子电路及其应用的科学技术。电子元件是组成电子线路的核心器件,用元件按照一定规律连接成电路。掌握电子元件的结构性能及检测应用,是广大电子技术人员的基本功。本书重点讲解了电子元件的结构、特性、检修与应用技术。

全书共分 17 章,分别讲解了电阻器、电容器、电感器、电声与声电器件、二极管、晶体管、场效应晶体管、晶闸管、光电元器件、显示器件、集成稳压器件、开关与继电器、传感器、集成电路、振荡定时及选频吸收元件以及专用元件等的检测。

在编写过程中,我们充分考虑了初学者的需要,力求语言通俗,内容翔实,图文并茂、实用性强,便于初学者学习和掌握。我们坚信,初学者经过学习、实践,短时间内学会检测电子元件是完全可以的。

参加本书编写人员有齐龙飞、李凯、张小平、李艳增、王景春、赵旭、杨井勋、田定国、孔凡硕、王盛、杨建兵、张克等,编写本书时参考了部分相关资料,在此一并表示感谢。

本书适合电子爱好者、无线电爱好者及职业培训学校电子专业及相关专业培训作教材使用。

由于时间仓促和编写水平的限制,书中有不足之处在所难免,恳请广大读者批评指正。

编　者

目　录

第1章 电 阻 器

问 1. 什么是电阻器？电阻器都有哪些作用？

电阻器简称"电阻"，是一个降压限流的电子元件。它是利用物体对所通过的电流产生阻碍作用制成的电子元件，是电子产品中最基本、最常用的电子元件之一。

问 2. 电阻器是如何分类的？

电阻器的分类见表 1-1。

表 1-1　电阻器的分类

电阻器	固定电阻器	线绕电阻器	通用线绕电阻器	
			精密线绕电阻器	
			功率型线绕电阻器	
			高频线绕电阻器	
		非线绕电阻器	实心电阻器	无机合成实心电阻器
				有机合成实心电阻器
			薄膜电阻器	炭膜电阻器
				金属膜电阻器
				金属氧化膜电阻器
				合成炭膜电阻器
				块金属膜电阻器
			金属玻璃釉电阻器	
	可变电阻器	滑线电阻器		
		可变线绕电阻器		
	敏感型电阻器	热敏电阻器	正温度系数热敏电阻	
			负温度系数热敏电阻	
		压敏电阻器		
		磁敏电阻器		
		力敏电阻器		
		湿敏电阻器		
		气敏电阻器		
		光敏电阻器		

问 3. 电阻器是怎样命名的？有哪些标注法？

根据国家标准 GB 2470—81（电子设备用电阻器、电容器型号命名方法）规定，电阻器产品型号由四部分组成，图 1-1 所示为电阻器的型号命名，表 1-2 所示为电阻器型号各部分命名符号及意义。

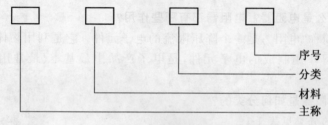

序号
分类
材料
主称

图 1-1　电阻器的命名

表 1-2　电阻器型号各部分命名符号及意义

第一部分:主称		第二部分:材料		第三部分:分类			第四部分:序号
符号	意义	符号	意义	符号	电阻器	电位器	
R W	电阻器 电位器	T	炭膜	1	普通	普通	对主称、材料相同,仅性能指标尺寸大小有区别,但基本不影响互换使用的产品,给同一序号;若性能指标、尺寸大小明显影响互换时,则在序号后面用大写字母作为区别代号
		H	合成膜	2	普通	普通	
		S	有机实心	3	超高频	—	
		N	无机实心	4	高阻	—	
		J	金属膜	5	高温	—	
		Y	氧化膜	6	—	—	
		C	沉积膜	7	精密	精密	
		I	玻璃釉膜	8	高压	特殊函数	
		P	硼酸膜	9	特殊	特殊	
		U	硅酸膜	G	高功率	—	
		X	线绕	T	可调	—	
		M	压敏	W	—	微调	
		G	光敏	D	—	多圈	
		R	热敏	B	温度补偿用	—	
				C	温度测量用	—	
				P	旁热式	—	
				W	稳压式	—	
				Z	正温度系数	—	

例如，RX22 表示普通线绕电阻器，RJ756 表示精密金属膜电阻器。常用的 RJ

为金属膜电阻器;RX 为线绕电阻器;RT 为炭膜电阻器。

问 4. 各类电阻器的特点及用途有哪些?

表 1-3 所示为常用电阻器的特点及用途。

表 1-3 常用电阻器的特点及用途

电阻器类型	特 点	用 途
炭膜电阻器 RT	特定性较好,呈现不大的负温度系数,受电压和频率影响小,脉冲负载稳定	价格低廉,广泛应用于各种电子产品中
金属膜电阻器 RJ	温度系数、电压系数、耐热性能和噪声指标都比炭膜电阻器好,体积小(同样额定功率下约为炭膜电阻器的一半),精度高(可达±0.5%~±0.05%) 缺点:脉冲负载稳定性差,价格比炭膜电阻器高	可用于要求精度高、温度稳定性好的电路中,或电路中要求较为严格的场合,如运放输入端匹配电阻
金属氧化膜电阻器 RY	金属氧化膜电阻器比金属膜电阻器有较好的抗氧化性和热稳定性 缺点:阻值范围小(1Ω~200kΩ)	价格低廉,与炭膜电阻器价格相当,但性能与金属膜电阻器基本相同,有较高的性价比,特别是耐热性好,极限温度可达 240℃,可用于温度较高的场合
线绕电阻器 RX	噪声小,不存在电流噪声和非线性,温度系数小,稳定性好,精度可达±0.01%,耐热性好,工作温度可达 315℃,功率大 缺点:分布参数大,高频特性差	可用于电源电路中的分压电阻、泄放电阻等低频场合,不能用于 1~3MHz 以上的高频电路中
有机实心电阻器 RS	机械强度高,有较强的过载能力(包括脉冲负载),可靠性好,价廉 缺点:固有噪声较高,分布电容、分布电感较大,对电压和温度稳定性差	不宜用于要求较高的电路中,但可作为普通电阻用于一般电路中
合成炭膜电阻器 RH	阻值范围宽(可达 $100\Omega \sim 10^6 M\Omega$),价廉,工作电压高(可达 35kV) 缺点:抗湿性差,噪声大,频率特性不好,电压稳定性低,主要用来制造高压高阻电阻器	为了克服抗湿性差的缺点,常用玻璃壳封装,制成真空兆欧电阻器,主要用于微电流的测试仪器和原子探测器
玻璃釉膜电阻器 RI	耐高温,阻值范围宽,温度系数小,耐湿性好,工作电压高(可达 15kV),又称厚膜电阻器	可用于环境温度高(−55℃~+125℃)、温度系数小($<10^{-4}$/℃)、要求噪声小的电路中

续表 1-3

电阻器类型	特　点	用　途
块金属氧化膜 电阻器 RJ711	温度系数小，稳定性好，精度可达 ±0.001%，分布电容、分布电感小，具 有良好的频率特性，时间常数小于 1ms	可用于高速脉冲电路和对精度要求 十分高的场合，是目前最精密的电阻 器之一

问 5. 电阻器的主要参数有哪些？

电阻器的主要参数有标称阻值及允许偏差、额定功率、温度系数。电阻的度量单位是欧姆（Ω）。常用的单位还有千欧（$k\Omega$）和兆欧（$M\Omega$），它们之间的换算关系是：$1M\Omega = 10^3 k\Omega = 10^6 \Omega$。

（1）电阻标称系列及允许偏差

表 1-4 所示为常用电阻标称阻值系列及允许偏差。

表 1-4　常用电阻标称阻值系列及允许偏差

系列	允许偏差	产　品　系　数
E_{24}	±5%	1.0 1.1 1.2 1.3 1.5 1.6 1.8 2.0 2.2 2.4 2.7 3.0 3.3 3.6 3.9 4.3 4.7 5.1 5.6 6.2 6.8 7.5 8.2 9.1
E_{12}	±10%	1.0 1.2 1.5 1.8 2.2 2.7 3.3 3.9 4.7 5.6 6.8 8.2
E_6	±20%	1.0 1.5 2.2 3.3 4.7 6.8

（2）电阻温度系数　电阻温度系数是用来表示电阻器工作温度每变化 1℃时，其阻值相对的变化量。当工作温度发生变化时，电阻器的阻值也将随之相应变化，这对一般电阻器来说是不希望的。该系数越小电阻质量越高。电阻温度系数根据制造电阻的材料不同，有正系数和负系数两种。前者随温度升高阻值增大，后者随温度升高阻值下降。

（3）额定功率　额定功率是指电阻器在直流或交流电路中，当在一定大气压力下和在产品标准中规定的温度下，长期连续工作所允许承受的最大功率。为保证安全使用，一般选其额定功率应比它在电路中消耗的功率高 1～2 倍。

问 6. 怎样识别电阻器的阻值？

标称值的表示方法主要有：直接标注法、色环标注法、文字符号法、数码标示法。

（1）直接标注法　直接标注法是将电阻器的类别、标称电阻值及允许偏差、额定功率及其他主要参数的数值等直接标注在电阻器的外表面上。适用于大体积电阻器，小体积电阻器则不采用此方法。

（2）色环标注法　色环标准法是将电阻器的参数用不同颜色的色环或色点标注在电阻体表面上。常用的色环标注法有 4 环标注法和 5 环标注法两种。常用的

是 4 环标注法,5 环标注为精密电阻。图 1-2 所示为电阻器 4 环标注和 5 环标注的
原则。图 1-3 所示为电阻器色环标注的应用实例。图 1-4 所示为电阻器文字符号,
数码标注法实例。表 1-5 为电阻器色环标注法的含义。

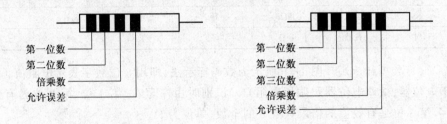

第一位数
第二位数
倍乘数
允许误差

第一位数
第二位数
第三位数
倍乘数
允许误差

图 1-2 电阻器 4 环标注和 5 环标注的原则

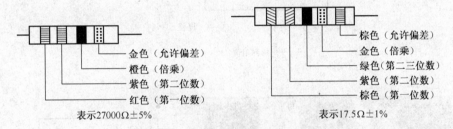

金色（允许偏差）
橙色（倍乘）
紫色（第二位数）
红色（第一位数）

表示27000Ω±5%

棕色（允许偏差）
金色（倍乘）
绿色（第二三位数）
紫色（第二位数）
棕色（第一位数）

表示17.5Ω±1%

图 1-3 电阻器色环标注的应用实例

表 1-5 电阻器色环标注法的含义

颜色	棕	红	橙	黄	绿	蓝	紫	灰	白	黑	金	银	无色
数值位	1	2	3	4	5	6	7	8	9	0			
倍率位	10^1	10^2	10^3	10^4	10^5	10^6	10^7	10^8	10^9	10^0	10^{-1}	10^{-2}	
允许偏差 （四色环） （五色环）	±1%	±2%			± 0.5%	± 0.25%	± 0.1%				±5%	±10%	±20%

快速记忆窍门:对于 4 色环电阻,以第 3 色环为主。如第 3 环为银色,则为
0.1~0.99;金色为 1~9.9;黑色为 10~99Ω;棕色为 100~990Ω;红色为
1~99kΩ;橙色为 10~99kΩ;黄色为 100~990kΩ;绿色为 1~9.9MΩ。对于 5 色环
电阻,则以第 4 环为主,规律与 4 色环电阻相同。

（3）文字符号法 文字符号法是将元件的标称值和允许偏差用阿拉伯数字和
文字符号组合起来标志在元件上。注意,常用电阻器的单位符号 R 作为小数点的
位置标志。例如:R56=0.56Ω,1R5=1.5Ω,3K3=3.3kΩ。文字符号标注法如图
1-4a 所示,文字符号意义及误差见表 1-6。

表 1-6　文字符号意义及误差

单位符号	单　　位		误差符号	误差范围	误差符号	误差范围
R	欧	Ω	D	±0.5%	J	±5%
K	千欧	kΩ	F	±1%	K	±10%
M	兆欧	mΩ	G	±2%	M	±20%

　　(4)数码标示法　图 1-4b 所示为数码标示法,即用 3 位数字表示电阻值(常见于电位器、微调电位器及贴片电阻)。识别时由左至右,第 1 位、第 2 位为有效数字,第 3 位是有效值的倍乘数或 0 的个数,单位为 Ω。

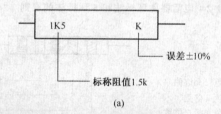

(a)

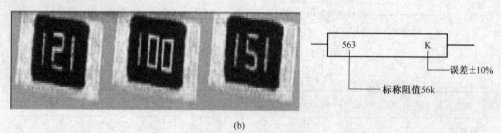

(b)

图 1-4　电阻器文字符号、数码标示法实例
(a)文字符号标注法　(b)数码标示法

　　快速记忆窍门:同色环电阻,若第 3 位数为 1 则为几百几千欧;为 2 则为几点几千欧;为 3 则为几十几千欧;为 4 则为几百几十千欧;为 5 则为几点几兆欧……如为一位数或两位数时,则为实际数值。(注:当第 3 位为零时,应用万用表进行测量,以区分直标法标注数值)

　　问 7. 怎样识别电阻器额定功率?

　　电阻器的额定功率分为 19 个等级,常用的有 0.05W、0.125W、0.25W、0.5W、1W、2W、3W、5W、7W、10W。电阻额定功率的标注方法如图 1-5 所示。

　　问 8. 怎样检测固定电阻器?

　　(1)实际电阻值的测量

　　①将指针式万用表的功能选择开关旋转到适当量程的电阻挡,将两表笔短路,调整调零旋钮,使表头指针指向"0",即进行调零校正,然后再进行测量。注意在测

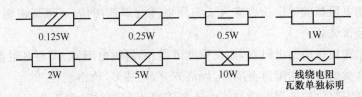

| 0.125W | 0.25W | 0.5W | 1W |
| 2W | 5W | 10W | 线绕电阻瓦数单独标明 |

图 1-5　电阻额定功率的标注方法

量中每次变换量程,都必须重新调零后再测量。

②将两表笔(不分正负)分别与电阻的两端引脚相接,即可测出实际阻值。为了提高测量精度,应根据被测电阻标称值的大小来选择量程。由于欧姆挡刻度的非线性关系,它的中段较为精细,因此应使指针指示值尽可能落到刻度的中段位置,即全刻度起始的 20%～80% 弧度范围内,以使测量更准确。根据电阻器误差等级不同,读数与标称阻值之间分别允许有 ±5%、±10% 或 ±20% 的误差。如不相符,超出误差范围,则说明该电阻器变值了。如果测得的结果是 0,则说明该电阻器已经短路。如果是无穷大,则表示电阻器断路了,不能再继续使用。

测量时应注意的事项:测试大阻值电阻器时,手不要触及表笔和电阻器的导电部分,因为人体具有一定电阻,会对测试产生一定的影响,使读数偏小,如图 1-6 所示。被检测的电阻器必须从电路中焊下一头,以免电路中的其他元件对测试产生影响,测量误差增大。

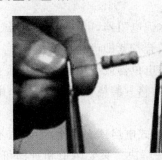
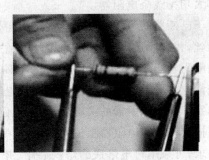

正确的测量方法　　　　　　　　　错误的测量方法

图 1-6　电阻的测量

(2)电阻器额定功率的简易判别　　小型电阻器的额定功率在电阻体上一般并不标出。根据电阻长度和直径大小可以确定其额定功率值的大小。电阻器体积大,功率大;电阻器体积小,功率小。在同体积时,金属膜电阻器的功率大于炭膜电阻器的功率。

问 9. 怎样选用与维修固定电阻器?

(1)固定电阻器的选用

选用普通电阻器时,应注意以下事项:

①所用电阻器的额定功率应大于实际电路功率的两倍,可保证电阻器在正常工作时不会被烧坏。

②优先选用通用型电阻器,如炭膜电阻器、金属膜电阻器、实心电阻器、线绕电阻器等。这类电阻器的阻值范围宽,规格齐全,品种多,价格便宜。

③根据安装位置选用电阻器。由于制作电阻器的材料和工艺不同,因此相同功率的电阻器,其体积并不相同。金属膜电阻器的体积较小,适合于安装在元件比较紧凑的电路中;在元件安装位置比较宽松的场合,可选用炭膜电阻器。

④根据电路对温度稳定性的要求选择电阻器。由于电阻器在电路中的作用不同,所以对它们在稳定性方面的要求也就不同,普通电路中即使阻值有所变化,对电路工作影响并不大;而应用在稳压电路中作电压取样的电阻器,其阻值的变化将引起输出电压的变化。

炭膜电阻器、金属膜电阻器、玻璃釉膜电阻器都具有较好的温度特性。稳定度较高、精度高且功率大的场合可应用线绕电阻器,由于采用特殊的合金线绕制,它的温度系数极小,因此其阻值最为稳定。

(2)固定电阻器的维修与代换

①对于炭膜电阻器或金属膜电阻器损坏后一般不予修理,更换相同规格电阻器即可。

②大功率线绕电阻器。

对于已断路的大功率小阻值线绕电阻器或水泥电阻器,可刮去表面绝缘层,露出电阻丝,找到断点,将断点的电阻丝退后一匝绞合拧紧即可。

用电阻丝应急代换。电阻丝可以从旧的线绕电位器或线绕电阻器上拆下。用万用表量取一段阻值与原电阻器相同的电阻丝,并将其缠绕在原电阻器上,电阻丝两端分别焊在原电阻器的两端后,装入电路即可。

当损坏的线绕电阻器阻值较大时,可采用内热式电烙铁心代换,如阻值不符合电路要求,可采用将电烙铁的烙铁心串、并联方法解决。只要阻值相近即可,不会影响电路的正常工作。

③电阻烧焦,看不到色环和阻值,又没有图纸可依,对它的原阻值无法知晓时,可用刀片把电阻器外层烧焦的漆刮掉,测它一端至烧断点的阻值,再测另一端至烧断点的阻值,将这两个阻值加起来,再看其烧断点的长度,就能估算出电阻器的阻值了。

④代换。在修理中,当某电阻器损坏后,无同规格电阻器代换时,可采用串、并联的方法进行应急处理。

注意:在采用串、并联的方法时,除了应计算总电阻是否符合要求外,还必须检查每个电阻器的额定功率值是否比其在电路中所承受的实际功率大一倍以上。

另外,不同功率和阻值相差太多的电阻不要进行串、并联,无实际意义。

问 10. 使用可变电阻器应注意哪些事项?

可变电阻器的应用及有关注意事项有以下几个方面:

①微调可变电阻器的功率较小,只能用于电流、电压均较小的电子电路中。

②可变电阻器还可以用作电位器,此时三根引脚与各自电路相连,作为一个电压分压器使用。

③在大部分情况下作为一个可变电阻器使用,此时可变电阻器的动片与一根固定引脚在线路板已经连通,调节可变电阻器时只需用小的平口旋具旋转电阻器的缺口旋钮即可改变阻值。

④可变电阻器的故障发生率较高,主要故障是动片与炭膜之间的接触不良,炭膜的磨损一般不予修理,直接更换型号即可(应急修理时主要以清洗处理为主)。

问 11. 如何检测可变电阻器及电位器?

检查电位器时,首先要转动旋柄,看看旋柄转动是否平滑、灵活,带开关的电位器通断时"咔嗒"声是否清脆,并听一听电位器内部接触点和电阻体摩擦的声音,如有"沙沙"声,说明质量不好。用万用表测试时,先根据被测电位器阻值的大小,选择好合适电阻挡位进行检测,图1-7所示为电位器的测量图。

(1)测量电位器的标称阻值 用万用表的欧姆挡测两边脚,其读数应为电位器的标称阻值。如万用表的指针不动或阻值相差很多,则表明该电位器已损坏。

(2)检测活动臂与电阻片的接触是否良好 用万用表的欧姆挡测中间脚与两边脚阻值。将电位器的转轴按逆时针方向旋转,再顺时针慢慢旋转轴柄,电阻值应逐渐变化,表头中的指针应平稳移动。从一端移至另一端时,最大阻值应接近电位器的标称值,最小值应为零。如万用表的指针在电位器轴柄转动过程中有跳动现象,说明触点接触不良。

(3)测试开关的好坏 对于带有开关的电位器,检查时可用万用表的电阻挡测开关两接点的通断情况是否正常。旋转电位器的轴,使开关"接通"—"断开"变化。若在"接通"的位置,电阻值不为零,说明内部开关触点接触不良;若在"断开"的位置,电阻值不为无穷大,说明内部开关失控。

测量电位器的标称阻值　　检测电位器活动臂与　　　　开关的测量
　　　　　　　　　　　电阻片的接触情况

图 1-7　电位器的测量图

问 12. 如何修理和代换电位器？

（1）修理

①转动轴不灵活。主要是由轴套中积有大量污垢，润滑油干涸所致。发现这种故障，可拆开电位器，用汽油擦洗轴、轴套以及其他不清洁的地方，然后在轴套中添加润滑黄油，再重新装配好。

②电位器一端定片与炭膜间断路（多为涂银处开路），另一端定片又未用或与动片焊连在一起，这时交换两定片的焊接位置，仍可正常使用。

③开关接触不良。电位器的开关部件在生产中已被固定，不易拆装，一般遇有弹簧不良或开关胶木转换片被挤碎时，只能更换开关解决。另外，电位器经过多次修理后，开关套的固定钩损坏以至无法很好地固定，影响开关正常拨动。这时用硬度适当的铜丝或铜片在原位上另焊几个小钩即可修复。

④滑动片接触不良。主要是由中心滑动触点处积有污垢造成的。可拆下开关部分，取下接头，用汽油或酒精分别擦净炭膜片、中央环形接触片和接头处的接点，然后装上接头，调整接头压力到合适程度为止。若电位器内炭膜磨损接触不良时，可将金属刷触点轻轻向里或向外弯曲一些，从而改变金属刷在炭膜上的运动轨迹。修好的电位器可用欧姆表测量，使表针摆动平稳且不跳动即可。

（2）代换

①若没有高阻电位器，可用低阻电位器串联电阻的方法解决。即将阻值合适的电阻与可变电阻串联，可串入边脚，也可串入中心脚。

②若没有低阻电位器，可用高阻电位器并联电阻的方法解决。即将一阻值合适的电阻并联在两边脚之间。

③没有电位器时，还可以用微调电阻器作为小型电位器使用。选择立式或卧式的微调电阻器，在微调电阻器上焊上一根转动轴，再在转动轴上套一段塑料管即可。

④线路中的一些电位器经调整之后，一般不需要再调整或很少需要调整的，可直接用固定电阻代用。代用前必须试验出最佳的电阻值。若电阻值不符合要求，可用两个或两个以上的电阻通过串、并联的方法解决。

问 13. 电位器在应用中要注意哪些事项？

①电位器型号命名比较简单，由于普遍采用合成膜电位器，所以在型号上主要是看阻值的分布特性。在型号中，用 W 表示电位器，H 表示合成膜。

②在很多场合下，电位器是不能互换使用的，一定要用同类型电位器更换。

③在更换电位器时，要注意电位器的安装尺寸。

④有的电位器除各引脚外，在电位器金属外壳上还有一根引脚用来作为接地引脚接入本电路板的地线，以消除调节电位器时人体的感应干扰。

⑤电位器的常见故障是转动噪声,几乎所有的电位器在使用一段时间后,不同程度地会出现转动噪声。通常,通过清洗电位器的动片触点和炭膜体,来消除噪声。对于因炭膜体磨损而造成的噪声,应作更换电位器的处理。

问 14. 什么是压敏电阻器? 具有哪些性能?

压敏电阻器是利用半导体材料的非线性特性制成的一种特殊电阻器。当压敏电阻器两端施加的电压达到某一临界值(压敏电压)时,压敏电阻器的阻值就会急剧变小。图 1-8 所示为压敏电阻器的电路符号、结构、伏安特性曲线及外形。

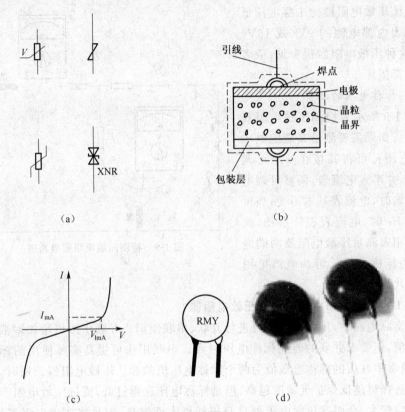

图 1-8　压敏电阻器的电路符号、结构、伏安特性曲线及外形

(a)电路符号　(b)结构　(c)伏安特性曲线　(d)外形

压敏电阻器的主要特性即压敏电阻器的伏安特性,如图 1-8c 所示。当两端所加电压在标称额定值内时,电阻值几乎为无穷大,处于高阻状态,其漏电流≤$50\mu A$;当它两端的电压稍微超过额定电压时,其电阻值急剧下降,立即处于导通状态,反应时间仅在毫微秒级,工作电流急剧增加,从而有效地保护了电路。

问 15. 压敏电阻器有哪些主要参数?

压敏电阻器的主要参数有标称电压、漏电流和通流量。

（1）标称电压（V_{1mA}）　标称电压也称压敏电压，指通过 1mA 直流电流时压敏电阻器两端的电压值。

（2）漏电流　当元件两端电压等于 $75\%V_{xmA}$ 时，压敏电阻上所通过的直流电流。

（3）通流量　在规定时间（$8/20\mu s$）之内，允许通过脉冲电流的最大值。

问 16. 如何检测压敏电阻器？

（1）好坏测量　使用指针万用表电阻挡的最高挡位（10K 挡），常温下压敏电阻器的两引脚阻值应为无穷大，使用数字表，显示屏将显示溢出符号"1"。若有阻值，则说明该压敏电阻器的击穿电压低于万用表内部电池的 9V（或 15V）电压（这种压敏电阻器很少见）或者已经击穿损坏。

（2）标称电压的测量

图 1-9 所示为检测压敏电阻器电路图。如果需要测量其额定电压（击穿电压），可将其接在一个可调电源上，并串入电流表，调整可调电源。开始时，电流表基本不变；当再次调高 E_C 时，电流表表针摆动，此时用万用表测量压敏电阻器两端电压，即为标称电压。可调电源可用兆欧表代用。

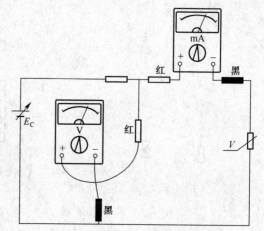

图 1-9　检测压敏电阻器电路图

问 17. 实际电路中如何选用压敏电阻器？

在实际电路中，压敏电阻器可进行并联、串联使用。并联用法可增加耐浪涌电流的数值，但要求并联的器件标称电压一致。串联用法可提高实际使用的标称电压值，通常串联后的标称电压值为两个标称电压值的和。压敏电阻器选时，标称电压值选择得越低保护灵敏度越高，但是标称电压选得过低，流过压敏电阻器的电流也相应较大，会引起压敏电阻器自身损耗增大而发热，容易将压敏电阻器烧毁。在实际应用中，确定标称电压可用 1.73 倍的工作电路电压来大概求出压敏电阻器的标称电压。

问 18. 光敏电阻器有哪些特性？

光敏电阻器是利用半导体光导效应制成的一种特殊电阻器。在有光照和黑暗的环境中，其阻值发生变化，它是一种能够将光信号转变为电信号的元件。用光敏电阻器制成的器件又叫作"光导管"，它是一种因受光照射，而导电能力增加的光敏转换元件。

图 1-10 所示为光敏电阻器的结构、外形和电路符号及特性曲线图。光敏电阻器由玻璃基片、光电导层、电极等部分组成。

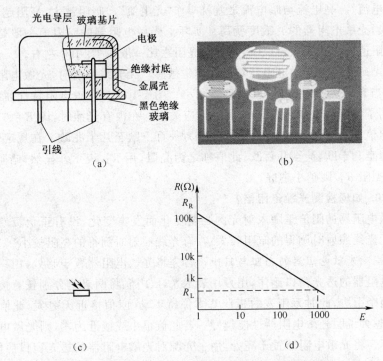

图 1-10　光敏电阻的结构、外形和电路符号及特性曲线
(a)结构　(b)外形　(c)电路符号　(d)特性曲线

根据制作光敏层所用的材料,光敏电阻器可以分为多晶光敏电阻器和单晶光敏电阻器。根据光敏电阻器的光谱特性,又可分为紫外光光敏电阻器、可见光光敏电阻器以及红外光光敏电阻器。

可见光光敏电阻器有硒、硫化镉、硫硒化镉和碲化镉、砷化镓、硅、锗、硫化锌光敏电阻器等。紫外光光敏电阻器对紫外线十分灵敏,可用于探测紫外线,比较常见的有硫化镉和硒化镉光敏电阻器。红外光光敏电阻器有硫化铅、碲化铅、硒化铅、锑化铟、碲锡铅、锗掺汞、锗掺金等光敏电阻器。紫外光光敏电阻器及红外光光敏电阻器主要应用于工业电器及医疗器械中,可见光光敏电阻器可应用于各种家庭电子设备中。

问 19. 光敏电阻器的主要参数有哪些?

(1)**伏安特性**　在光敏电阻器的两端所加电压和流过的电流的关系称为伏安特性,所加的电压越高,光电流越大,且没有饱和现象。在给定的电压下,光电流的数值将随光照的增强而增大。

(2)光电流　　光敏电阻器在不受光照时的阻值称为"暗电阻"(或暗阻),此时流过的电流称为"暗电流"。在受光照时的阻值称为"亮电阻"(或亮阻),此时的电流称为"亮电流"。亮电流与暗电流之差就叫作"光电流"。暗阻越大,亮阻越小,则光电流愈大,光敏电阻器的灵敏度就高。实际上光敏电阻器的暗阻值一般是兆欧数量级,亮阻值则在几千欧姆以下,暗阻与亮阻之比一般在 1∶100 左右。

(3)光照特性　　光敏电阻器对光线非常敏感。无光线照射时,光敏电阻器呈高阻状态,当有光线照射时,电阻值迅速减小。图 1-10d 为光敏电阻特性曲线,特性曲线表明了电阻值 R 与照度 E 之间的对应关系。在没有光照时,即 $E=0$,光敏电阻器的阻值称为暗阻,用 R_R 表示。一般为一百千欧至几十兆欧。在规定照度下,电阻值降至几千欧,甚至几百欧,此值称之为亮阻,用 R_L 表示。显然,暗阻 R_R 越大越好,亮阻 R_L 则越小越好。

问 20. 如何检测光敏电阻器?

光敏电阻器的阻值是随入射光的强弱变化而发生变化,没有正负极性。光敏电阻在无光线照射时测得的暗阻较大;在有光线照射时测得的亮阻较小。

(1)检测光敏电阻器的亮阻与暗阻　　首先将光敏电阻器置于暗处,用一黑纸片将光敏电阻器的透光窗口遮住,用万用表 R×1kΩ 挡,将两表笔分别任意接光敏电阻器的两个引脚,此时万用表的指针基本保持不动,阻值接近无穷大,此值即为暗阻阻值,越大说明光敏电阻器性能越好。若此值很小或接近为零,则光敏电阻器已击穿损坏。将光敏电阻器置于亮处,用一光源对光敏电阻器的透光窗口照射,万用表的指针应有较大幅度的摆动,阻值明显减小,此值为亮阻阻值,阻值越小说明光敏电阻器性能越好。若此值很大甚至无穷大,则说明光敏电阻器内部开路损坏。图 1-11 为光敏电阻器的检测。

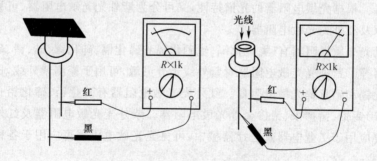

图 1-11　光敏电阻器的检测

(a)检测光敏电阻器的暗阻　(b)检测光敏电阻器的亮阻

(2)检测灵敏度　　将光敏电阻器在亮处暗处间断变化,此时万用表指针应随亮暗变化而左右摆动。如果万用表指针不摆动,说明光敏电阻器的光敏材料已经损坏。

问 21. 什么是湿敏电阻器？具有哪些特性？

湿敏电阻器是一种阻值随湿度变化而变化的敏感电阻元件，可用作湿度测量及结露传感器。目前还没有统一的电路符号，有的直接标注水分子或 H_2O 文字，有的符号仍用 R 表示，图 1-12 所示为湿敏电阻器的结构及外形图。

湿敏电阻器的种类较多，按阻值随温度变化特性分正系数和负系数两种，正系数电阻器的阻值随湿度增大而增大，负系数相反。常用的为负系数湿敏电阻器。

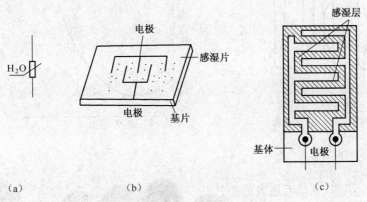

图 1-12 湿敏电阻器的结构及外形

(a)符号 (b)结构 (c)外形

湿敏电阻器结构如图 1-12b 所示，由基片(绝缘片)、感湿片和电极构成。当感湿材料接收到水分后，电极之间的阻值发生变化，完成湿度到阻值变化的转换。

湿敏电阻器的特性有：阻值随湿度增加是以指数特性变化的；具有一定响应时间参数，又称时间常数，是指对温度发生阶跃时，阻值从零增加到稳定量的 63% 所需要的时间，表征了湿敏电阻器对湿度响应的特性；其他参数还有湿度范围、电阻相对温度变化的稳定性等。

问 22. 如何检测湿敏电阻器？

检测湿敏电阻器时，先在干燥条件下测其标称阻值，应符合规定。如阻值过小或过大或开路，均为损坏。然后再给湿敏电阻器加一定湿度，阻值应有变化，不变则为损坏。湿敏电阻器一般不能修复，应急代用时可用同阻值的炭膜电阻器刮掉漆皮代用(去掉漆皮后，受湿度影响，阻值会变化)。

问 23. 什么是热敏电阻器？

热敏电阻器一种用半导体材料制成的测温元件，它的热敏材料用锰、镍、钴等多种金属氧化物粉末按一定比例混合烧结而成，目前广泛应用的是正温度系数热敏电阻器和负温度系数热敏电阻器。

问 24. 正温度系数热敏电阻器有哪些参数?

正温度系数热敏电阻器又称 PTC,它的阻值随温度升高而增大。可应用到各种电路中。图 1-13 所示为正温度系数热敏电阻器(PTC)的外形、结构、电路符号及特性曲线图。

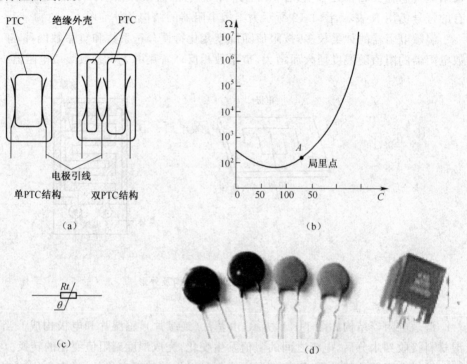

图 1-13 正温度系数热敏电阻器(PTC)外形、结构、电路符号及特性曲线
(a)内部结构　(b)温度与电阻特性曲线　(c)符号　(d)外形

正温度系数热敏电阻器(PTC)主要参数有:

(1)标称电阻值 Rt　也称零功率电阻值,即器件上所标阻值。环境温度 25℃以下的阻值。

(2)电阻温度系数 αt　它表示零功率条件下温度每变化 1℃所引起电阻值的相对变化量,单位是%/℃。

(3)额定功率　热敏电阻器在规定的技术条件下,长期连续负荷所允许的消耗功率称为额定功率。通常所给出的额定功率值是指+25℃时的额定功率。

(4)时间常数　指热敏电阻器在无功功率状态下,当环境温度突变时,电阻体温度由初值变化到最终温度之差的 63.2%所需的时间,也叫热惰性。

(5)测量功率　它是指在规定的环境温度下,电阻体受测量电源的加热而引起的电阻值变化不超过 0.1%时所消耗的功率。其用途在于统一测试标准和作为设计测试仪表的依据。

（6）耗散系数 它是指热敏电阻器温度每增加 1℃ 所耗散的功率。

电阻常见阻值规格（常温）有 12Ω、15Ω、18Ω、22Ω、27Ω、40Ω 等。不同电路，所选用的电阻也不一样。

问 25. 如何检测正温度系数热敏电阻器？

（1）标称值检测 正常的正温度系数热敏电阻器（PTC）电阻，用万用表 R×1 挡在常温下（20℃ 左右）测得的阻值与标称阻值相差 ±2Ω 以内即为正常。当测得的阻值大于 50Ω 或小于 8Ω 时，即可判定其性能不良或已损坏。

（2）好坏判断 若常温下正温度系数热敏电阻器（PTC）电阻的阻值正常，则应进行加温检测，具体方法是：用一热源对正温度系数热敏电阻器加热（例如用电烙铁烘烤或放在不同温度的水中，因水便于调温，也便于测温），用万用表观察其电阻值是否随温度升高而加大。如是，则表明正温度系数热敏电阻器（PTC）电阻正常，否则说明其性能已变坏无法使用。

问 26. 负温度系数热敏电阻器主要参数有哪些？

负温度系数热敏电阻器（NTC）的电阻值随温度升高而降低，具有灵敏度高、体积小、反应速度快、使用方便的特点。负温度系数热敏电阻器（NTC）具有多种封装形式，能够很方便地应用到各种电路中。图 1-14 所示为负温度系数热敏电阻器（NTC）的外形、电路符号及特性曲线。

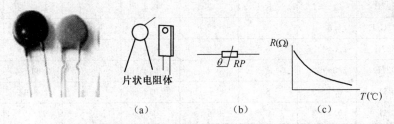

图 1-14 负温度系数热敏电阻器（NTC）热敏电阻器的外形、电路符号及特性曲线

(a)外形 (b)符号 (c)特性曲线

负温度系数热敏电阻器（NTC）主要参数有：

（1）标称电阻值 Rt 标称电阻值也称零功率电阻值，在环境温度 25℃ 下的阻值。即元件上所标阻值。

（2）额定功率 热敏电阻器在规定的技术条件下，长期连续负荷所允许的消耗功率称为额定功率。通常所给出的额定功率值是指 +25℃ 时的额定功率。

（3）时间常数 指热敏电阻器在无功功率状态下，当环境温度突变时，电阻体温度由初值变化到最终温度之差的 63.2% 所需的时间，也叫热惰性。

（4）耗散系数　它是指热敏电阻器温度每增加 1℃所耗散的功率。

（5）稳压范围　指稳压型 NTC 热敏电阻器能起稳压作用的工作电压范围。

（6）电阻温度系数 αt　它表示零功率条件下，温度每变化 1℃所引起电阻值的相对变化量，单位是%/℃。

（7）测量功率　它是指在规定的环境温度下，电阻体受测量电源的加热而引起的电阻值变化不超过 0.1%时所消耗的功率。其用途在于统一测试标准和作为设计测试仪表的依据。

常用负温度系数热敏电阻器（NTC）的主要性能参数见表 1-7。

表 1-7　负温度系数热敏电阻器（NTC）的主要性能参数

型号	工作电流范围（mA）	最大允许瞬时过负荷电流（mA）	标称电压（V）	量大允许电压变化（V）	时间常数（s）	稳压范围	标称电流（mA）
MF21-1-2	0.3～6	62	2	0.4	≤35	1.6～3	2
MF21-1-0.5	0.1～2	22	2	0.4	≤35	1.6～3	0.5
MF21-1-2	0.3～6	62	2	0.4	≤45	1.6～3	2
RRW1-2A	2	12	2	0.4	≤10	1.5～2.5	0.6～6
RR827A	0.1～2	6	2	0.4		1.6～3	
RR827B	1～5	10	2	0.4		1.6～3	
RR827C/E	1.5～4	10	2		15	1～2.3	
RR827D	2.5～3.5	6	2	0.4		1～2.5	
RR827E	2.5～3.5	6	2	0.4		2.41～4	
RR831	0.1～3	6	3	0.4		2.8～4	
RR841	0.1～2	6	4	0.6		2～5	
RR860	0.1～2	6	6	1		3.5～7	

问 27. 什么是保险电阻器？

保险电阻器有电阻和保险熔丝的双重作用。当过电流时，其表面温度达到 500℃～600℃时，电阻层便剥落熔断。故保险电阻器可用来保护电路中其他元件，使其免遭损坏，以提高电路的安全性和经济性。

问 28. 保险电阻器如何检测与代换？

（1）检测　测量时用万用表 R×1～R×100 挡测量，方法同普通电阻。如阻值超出范围很大或不通，则保险电阻损坏。

（2）修理代换　换用保险电阻器时，应将它悬空 10mm 以上安装放置，不应紧贴印制板。保险电阻损坏后,如无原型号更换,可根据情况采用下述方法应急代用。

①用电阻和熔丝串联起来代用。将一个电阻和一根熔丝(电流值要相符)串联起来代用,电阻的规格可参考保险电阻的规格。电流可通过公式 $I = \sqrt{P/R}$ 计算,例如,原保险电阻的规格为 $51\Omega/2W$,则电阻也可选用 $51\Omega/2W$ 的,熔丝的额定电流为 0.2A 来代用。

②用熔丝代用。一些阻值较小的保险电阻损坏后,可直接用熔丝代用。熔丝的电流容量可由原保险电阻的数值计算出来。方法同上。

③用电阻代用。可直接用同功率同阻值的普通电阻代用。

④用电阻、保险电阻串联代用。无合适电阻值时,用一阻值相差不多的普通电阻和一小阻值保险电阻串联即可代用。

⑤用保险电阻应用原型号代用。

问 29. 什么是排阻?

排阻是将多个电阻集中封装在一起组合制成。排阻通常都有一个公共端,在封装表面用一个小白点表示。排阻的颜色通常为黑色或黄色。排阻具有装配方便、安装密度高等优点,目前已大量应用在电视机、显示器、电脑主板、小家电中。

排阻可分为 SIP 排阻及 SMD 排阻。SIP 排阻即为传统的直插式排阻,依照线路设计的不同,一般分为 A、B、C、D、E、F、G、H、I 等类型。

SMD 排阻安装体积小,目前已在多数场合中取代了 SIP 排阻。常用的 SMD 排阻有 8P4R(8 引脚 4 电阻)和 10P8R(10 引脚 8 电阻)两种规格。图 1-15 所示为 SMD 排阻电路原理图符号。

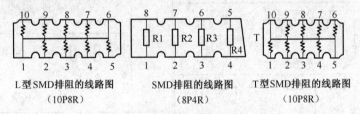

L 型 SMD 排阻的线路图　　　SMD 排阻的线路图　　　T 型 SMD 排阻的线路图
　　（10P8R）　　　　　　　　（8P4R）　　　　　　　（10P8R）

图 1-15　SMD 排阻电路原理图符号

选用时要注意,有的排阻内有两种阻值的电阻,在其表面会标注这两种电阻值,如 $220\Omega/330\Omega$,所以 SIP 排阻在应用时有方向性,使用时要小心。通常 SMD 排阻是没有极性的,不过有些类型的 SMD 排阻由于内部电路连接方式不同,在应用时还是需要注意极性的。如 10P8R 型的 SMD 排阻①、⑤、⑥、⑩引脚内部连接不同,有 L 和 T 形之分。L 形的①、⑥脚相通,在使用 SMD 排阻时,最好确认一下该排阻表面是否有①脚的标注。

排阻的阻值与内部电路结构通常可以从型号上识别出来,排阻型号标识如图 1-16 所示。型号中的第 1 个字母为内部电路结构代码,内部电路见表 1-8。

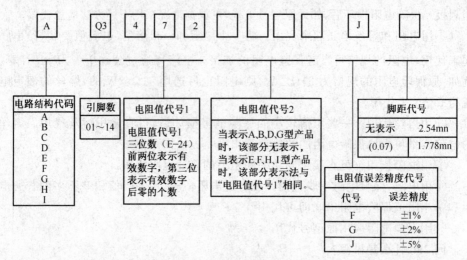

图 1-16　排阻的型号标识

表 1-8　内部电路

排阻型号中第 1 个字母代表的内部电路结构

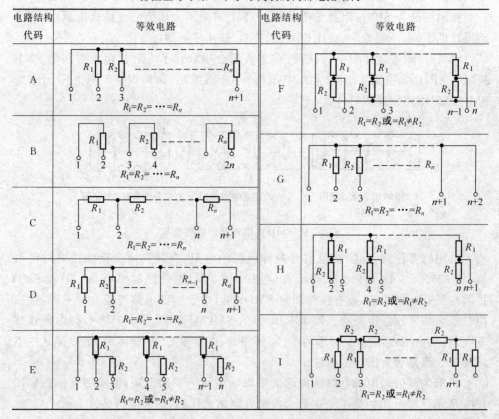

排阻的阻值通常用 3 位数字表示,标注在电阻体表面。

在 3 位数字中,从左至右的第 1、第 2 位为有效数字,第 3 位表示前两位数字乘 10 的 N 次方(单位为 Ω)。如果阻值中有小数点,则用"R"表示,并占一位有效数字。例如:标示为"103"的阻值为 $10 \times 10^3 = 10$kΩ,标示为"222"的阻值为 2200Ω 即 2.2kΩ,标示为"105"的阻值为 1MΩ。需要注意的是,要将这种表示法与一般的数字表示方法区别开来,如表示为 220 的电阻器阻值为 22Ω,只有标志 221 的电阻器阻值才为 220Ω。

表示为"0"或"000"的排阻值为 0Ω,这种排阻实际上是跳线(短路线)。

一些精密排阻采用四位数字加一个字母的标注方法(或者只有 4 位数字)。前 3 位数字分别表示阻值的百位、十位、个位数字,第四位数字表示前面 3 个数字乘 10 的 N 次方(单位为 Ω);数字后面的第 1 个英文字母代表误差(G=2%、F=1%、D=0.25%、B=0.1%、A 或 W=0.05%、Q=0.02%、T=0.01%、V=0.05%)。如标注为"2341"的排阻的电阻为 $234 \times 10 = 2340$Ω=2.34kΩ。

第2章 电 容 器

问 1. 什么是电容器？有哪些作用？

电子制作中需要用到各种各样的电容器，它们在电路中分别起着不同的作用。电容器是储存电荷的容器。理论上讲电容器对电能无损耗，电容器也是电子电路中另一个十分常用的元件。

电容器是一种最为常用的电子元件，其通用文字符号用"C"来表示，图 2-1 所示为电容器结构及符号。无极固定电容器的基本结构及符号如图 2-1a 所示。它主要由金属电极、介质层和引线组成。由于在两块金属电极之间夹有一层绝缘的介质层，所以两电极是相互绝缘的。这种结构特点就决定了该电容器具有"隔直流通交流"的基本性能。电解电容器的结构及符号如图 2-1b 所示，内部由金属电极和电解液构成。直流电的极性和电压大小是一定的，所以不能通过电容器；交流电的极性和电压的大小是不断变化的，能使电容器不断地进行充放电，形成充放电电流，说明交流电可以通过电容器，图 2-2 所示为电容器的充放电特性图。

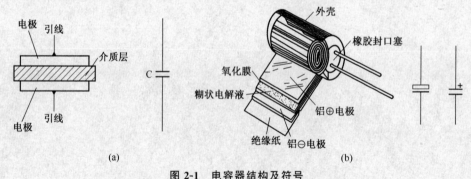

图 2-1　电容器结构及符号

(a)无极电容器结构及符号　(b)电解电容器的结构及符号

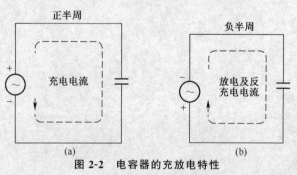

图 2-2　电容器的充放电特性

(a)充电过程　(b)放电过程

问 2. 电容器如何分类?

电容器分类见表 2-1。

表 2-1 电容器的分类

电容器	电解介质电容器	铝电解电容器	双极性电容器
			无极性电容器
			有极性电容器
		铌电解电容器	
		钽电解电容器	液体钽电容器
			固体钽电容器
	复合介质电容器上纸膜混合电容器		
	有机固体介质电容器	有机薄膜电容器	聚丙烯电容器
			聚四氟乙烯电容器
			聚苯乙烯电容器
			涤纶电容器
			漆膜电容器
		纸介电容器	液体浸渍电容器
			固体浸渍电容器
	无机固体介质电容器	玻璃釉电容器	
		陶瓷电容器	低频陶瓷电容器
			高频陶瓷电容器
			瓷介微调电容器
		云母电容器-云母微调电容器	
	气体介质电容器	充气式电容器	
		空气电容器	空气微调电容器
			空气可变电容器
		真空电容器	

问 3. 电容器如何命名?

电容器的容量值标注法通常使用直标法,就是通过一些代码符号将电容的容量值及主要参数等标示在电容器的外壳上。根据国家标准 GB 2470—81 规定,电容器产品型号由四部分组成,各部分符号及意义见表2-2。

表2-2　常用电容器各部分符号及意义

第一部分		第二部分		第三部分		第四部分
主称		介质材料		特征		序号
符号	意义	符号	意义	符号	意义 形状、结构、大小	一般用数字表示产品的序号,以区分外形尺寸和性能指标
C	电容器	Z D Y C T J B L	纸介 铝电解 云母 高频瓷介 低频瓷介 金属化纸介 聚苯乙烯等有机薄膜 涤纶等有机薄膜	T G L Y M X	筒形 管状 立式矩形 圆片形 密封 小型	

例如:CCG1表示管状高频瓷介电容器。常用的CZ为纸介电容器,CB为聚苯乙烯有机薄膜电容器,CC为高频瓷介电容器,CD为铝电解电容器。

问4. 常用电容器的特点及用途有哪些?

常用电容器的特点及用途见表2-3。

表2-3　常用电容器特点及用途

电容器类型	特　点	用　途
云母电容器CY	频率稳定性好,高频特性好,损耗角小,通常1kHz时损耗角为$(5-30)\times10^{-4}$;绝缘电阻高,一般为$1000\sim7500M\Omega$;分布电感很小,不易老化 缺点:价格较贵,容量较小	适用于对稳定性和可靠性要求较高的场合以及高频、高压和大功率设备
涤纶薄膜电容器CL	容量大,体积小(金属膜结构的体积更小),耐热耐湿性好,价廉 缺点:稳定性差	适用于对频率和稳定性要求不高的场合
聚苯乙烯薄膜电容器CB	电性能优良,绝缘电阻高,损耗角小;温度系数小,一般为$+100\times10^{-6}/℃$;电容量精度高,最高可达$\pm0.05\%$;耐压强度高,对化学药剂的稳定性高 缺点:工作温度不高,上限为70℃~75℃	适用性广泛(如谐振回路、滤波电路、耦合回路等),但在高频电路或要求绝缘电阻高的场合不宜使用

续表 2-3

电容器类型	特点	用途
高频瓷介电容器 CC	性能稳定,损耗和漏电都很小,体积小,长期耐高温且不老化,耐酸、碱、盐和水的侵蚀。损耗角与频率的关系很小,用不同的陶瓷材料可制成正、负温度系数的电容器,用于电路中温度补偿电容器 缺点:容量较小,机械强度低,易碎易裂	适用于低损耗和容量稳定的高频电路、交直流电路和脉冲电路
低频瓷介电容器 CT	用铁电瓷介材料制成,属低频瓷介电容器,体积比 CC 型小,容量比 CC 型大 缺点:稳定性差,耐压一般不高,损耗大	主要用于旁路电容和电源滤波等对损耗及容量要求不高的场合
金属化纸介电容器 CJ	比纸介电容器的体积小、容量大,且击穿后能自愈 缺点:稳定性差,损耗角与频率的关系很大,工作频率低,一般不宜超过几十千赫兹,化学稳定性差	适用于对频率和稳定性要求不高的场合
铝电解电容器 CD	容量大、价格低,在低压时尤其突出 缺点:稳定性差,容量误差大,漏电流大,容量和漏电流随温度变化产生明显变化。当温度低于 −20℃ 时,容量随温度的下降而急剧上升;当温度高于 +40℃ 时,漏电流增加很快	适用于整流、滤波和音频旁路,工作温度适宜在 −20℃ ~+50℃
钽电解电容器 CA	比铝电解电容器的体积小、容量大、化学稳定性好,寿命长,可靠性高,损耗角小,漏电流小,绝缘电阻大,性能稳定且有极性 缺点:耐压低、价格较高	通常在对稳定性漏电电流等要求较高的场合中使用

问 5. 电容器主要性能参数有哪些? 怎样标注?

电容器性能参数有许多,下面介绍几项常用的参数:

(1)电容量　指电容器储存电荷的能力。通常将电容器外加 1V 直流电压时所储存的电荷量称为该电容器的容量。基本单位为法拉(F)。法拉单位太大(不常用),因为电容器的容量往往比 1 法拉小得多,因此常用微法(μF)、纳法(nF)、皮法(pF)(皮法又称微微法)等,其关系是:

$$1F = 10^6 \mu F = 10^9 nF = 10^{12} pF$$

(2)耐压　耐压是指电容器在电路中长期有效地工作而不被击穿所能承受的最大直流电压。对于结构、介质、容量相同的元件,耐压越高,体积越大。

　　在交流电路中,电容器的耐压值应大于电路电压的峰值,否则可能被击穿,耐压的大小与介质材料有关。当电容器两端的电压超过额定电压时,电容器就会被击穿损坏。一般电解电容器的耐压分挡为 6.3V、10V、16V、25V、50V、160V、250V 等。

　　(3)容量与误差　　实际电容量与标称电容量允许的最大偏差范围就是误差。误差一般分为 3 级:Ⅰ级±5%,Ⅱ级±10%,Ⅲ级±20%。在有些情况下,还有 0 级,误差为±2%。精密电容器的允许误差较小,而电解电容器的误差较大,它们采用不同的误差等级。用字母表示误差等级见表 2-4。

表 2-4　用字母表示误差等级

字母	允许偏差	字母	允许偏差
L	±0.01%	W	±0.05%
D	±0.5%	B	±0.1%
F	±1%	V	±0.25%
G	±2%	K	±10%
J	±5%	M	±20%
P	±0.02%	N	±30%
		不标注	±20%

　　(4)绝缘电阻　　绝缘电阻用来表明漏电大小。一般小容量的电容器,其绝缘电阻很大,在几百兆欧姆或几千兆欧姆。电解电容器的绝缘电阻一般较小。相对而言,绝缘电阻越大越好,漏电也小。

　　(5)温度系数　　温度系数是在一定温度范围内,温度每变化 1℃,电容量的相对变化值。温度系数越小越好。

　　(6)容抗　　容抗指电容对交流电的阻碍能力,单位为欧,用 Xc 表示。$Xc=1/2\pi fc$。其中,Xc 容抗,f 频率,单位赫兹(Hz),c 容量,单位法拉(F)。由上式可知,频率越高,容量越大,则容抗越小。

　　电容器的电容量标注方法如下。

　　(1)直接标注法　　直接标注法是用数字和字母将规格、型号直接标在外壳上,该方法主要用在体积较大的电容器上。通常用数字标注容量、耐压、误差、温度范围等内容;而字母则用来标示介质材料、封装形式等内容。字母通常分为 4 部分,第 1 位字母通常固定为 C,表示电容;第 2 位字母表示介质材料,各种字母所代表的介质材料见表 2-2。

　　有些厂家采用的直接标示法中,常把整数单位的“0”省去,如“.056μF”表示0.056μF;有些用 R 表示小数点,如 R47μF 则表示 0.47μF。

（2）文字符号法　文字符号法采用字母或数字或两者结合的方法来标注电容器的主要参数。

①数码表示法

通常采用 3 位数字表示，前两位表示有效数字，第 3 位表示有效数字乘以 10 的幂次，单位为 pF，如"202"表示 2000pF，"223"为 22000pF＝0.022μF，"224"表示 220000pF＝0.22μF，"225"表示 2200000pF＝2.2μF…

当第 3 位数字为"9"时，则表示 10^{-1} 的意思，如 569 则表示 56×10^{-1}pF＝5.6pF。

②字母表示法

字母表示法是国际电工会推荐标注的方法，使用的标注字母有 4 个，即 p、n、μ、m，分别表示 pF、nF、μF、mF，其之间的关系为：$1F＝10^3mF＝10^6\mu F＝10^9nF＝10^{12}pF$ 用 2～4 个数字和 1 个字母表示电容量，字母前为容量的整数，字母后为容量的小数，如 1p5 表示为 1.5pF，4μF 表示为 4.7μF，3n9 表示为 3.9nF。

（3）色环标注法　电容器的色标与电阻相似，单位一般为 pF。对于圆片或矩形片状等电容，非引线端部的一环为第 1 色环，以后依次为第 2 色环，第 3 色环……色环电容也分 4 环或 5 环，较远的第 5 或第 6 环，这两环往往代表电容特性或工作电压。第 1、2（3、5 色环）环是有效数字，第 3（4、5 色环）环是后面加的"0"的个数，第 4（5、5 色环）环是误差，各色环代表的数值与色环电阻一样单位为 P。另外，若某一道色环的宽度是标准宽度的 2 或 3 倍宽，则表示这是相同颜色的 2 或 3 道色环。

快速记忆窍门：前两位是有效数字，第 3 环为所加零数，则黑色为 10～99pF，棕色为 100～990pF，红色为 1000～9900pF，橙色为 0.01～0.09μF，黄色为 0.1～0.9μF，绿色为 1～9.9μF。电容器色环意义见表 2-5。

表 2-5　电容器色环的意义

颜色	数字位	倍率位	允许偏差（%）	工作电压（V）
银		10^{-2}	±10	
金		10^{-1}	±5	
黑		10^0		4
棕	1	10^1	±1	6.3
红	2	10^2	±2	10
橙	3	10^3		16
黄	4	10^4		25
绿	5	10^5	±0.5	32
蓝	6	10^6	±0.2	40
紫	7	10^7	±0.1	50
灰	8	10^8		63
白	9	10^9	+5，-20	
无色			±20	

问 6. 固定电容器怎样检测?

(1)检测无极性电容

①检测 100p 以下的小电容。因 100p 以下的固定电容器容量太小,用指针式万用表进行测量,只能定性地检查其是否有漏电、内部短路或击穿现象。测量时,可选用指针式万用表 R×10kΩ 挡,用两表笔分别任意接电容器的两个引脚,阻值应为无穷大。若测出阻值(指针向右摆动)或阻值为零,则说明电容器漏电损坏或内部击穿。

②检测 0.01μF 以上的固定电容器。对于 0.01μF 以上的固定电容器,可用指针式万用表的 R×10kΩ 挡直接测试电容器有无充电过程以及有无内部短路或漏电,并可根据指针向右摆动的幅度大小估测出电容器的容量。测试操作时,先用两表笔任意触碰电容的两引脚,然后调换表笔再触碰一次,如果电容器是好的,万用表指针会向右摆动一下,随即向左迅速返回无穷大位置。电容量越大,指针摆动幅度越大。如果反复调换表笔触碰电容器两引脚,万用表指针始终不向右摆动,说明该电容器的容量已低于 0.01μF 或者已经消失。测量中,若指针向右摆动后不能再向左回到无穷大位置,说明电容器漏电或已经击穿短路。

(2)检测电解电容

①挡位选择。电解电容器的容量较一般固定电容器大得多,所以测量时应针对不同容量选用合适的量程。一般情况下,1~100μF 间的电容器可用指针式万用表 R×100~R×1kΩ 挡测量,大于 100F 的电容器可用指针式万用表 R×100 ~ R×1 挡测量。

②测量漏电阻。将指针式万用表红表笔接负极,黑表笔接正极,在刚接触的瞬间,指针即向右偏转较大幅度(对于同一电阻挡,容量越大,摆幅越大),然后逐渐向左回转,直到停在某一位置。此时的阻值便是电解电容的正向漏电阻。此值越大,说明漏电流越小,电容性能越好。将红、黑表笔对调,指针将重复上述摆动现象。此时所测阻值为电解电容器的反向漏电阻,此值小于正向漏电阻。即反向漏电流比正向漏电流要大。实际使用中,电解电容器的漏电阻不能太大 ,否则不能正常工作。在测试中,若正向、反向均无充电的现象,即指针不动,则说明容量消失或内部断路;测阻值很小或为零,说明电容器漏电大或已击穿损坏,不能再次使用。

③极性判别。根据引脚判别时,长脚为正极,短脚为负极。对于正、负极标志不明的电解电容器,可利用上述测量漏电阻的方法加以判别。即任意测一下漏电阻,然后交换表笔再测,两次测量中阻值大的那一次黑表笔接的是正极,红表笔接的是负极。

测试时要注意,为了观察到指针向右摆动的情况,应反复调换表笔触碰电容器两引脚进行测试,直到确认电容有无充电现象为止。

在采用上述方法进行测试时,应注意正确操作,不要用手指同时接触被测电容的两个引脚,否则人体电阻将影响测试的准确性,容易造成误判。特别是使用指针式万用表的高阻挡($R \times 10k\Omega$)进行测量时,若手指同时触到电容两引脚或两表笔的金属部分,将使指针回不到无穷大的位置,给测试者造成错觉,误认为被测电容漏电。

用数字万用表或电桥测量时,可直接将电容插入电容插座内,将仪器置于相应挡位即可读出容量。

④估测电解电容器的容量。

a 使用指针式万用表电阻挡,采用给电解电容器进行正、反向充放电的方法,根据指针向右摆动幅度的大小,可估测出电解电容器的容量。测量时,先用两表笔给电容器充电,再反接放电,然后反充电,记录三次表针摆动的情况。再找到已知容量的电容器测一下表针摆动情况。与其相近时,即为该电容器容量。

b 用数字万用表、电桥或电容表可直接测量出电容器容量。即选择合适挡位,由表头显示电容器容量。

(3)检测组合式电解电容器 组合式电解电容器的功能作用与普通电容器相同,但组合式电解电容器是在同一个外壳里封装有两只或多只电容器。其引出端的数量多分为四端或三端两种类型。

组合式电解电容器的容量直接在外壳上标出。有共正极组合与共负极组合两种形式。共正极组合式电解电容器的三个电极中,引线长的一端为公共正极,较短的分别为两个负极,这种组合结构适用于电源正极接地负压输出的电路中。共负极组合式电解电容器的三个电极中,引线较短的一端为公共负极,多涂为黑色。引线长的分别为两个正极,这种组合结构适合用于电源负极接地正压输出的电路中。

检测时,与二端电容器一样,组合式电解电容器中的每只电解电容器的正向漏电阻也比反向漏电阻大,即反向漏电流大于正向漏电流。测试时,也可根据这一特点区分正负电极和好坏。方法是将指针式万用表拨至 $R \times 1k\Omega$ 挡(以 $50\mu F$ 组合式电解电容器为例),交换表笔分别测量正、反向漏电阻。以漏电阻较大的一次测量为准,黑表笔接的是正极,红表笔接的是负极。

判断组合式电解电容器是否漏电、容量大小等均可参照测量两端电解电容器的方法进行。

问 7. 电容器如何串并联使用? 串并联后容量和耐压有何变化?

电容器的并联:将电容器并联起来就等于两块金属电极的面积加大,因此并联后的总电容量增大,等于每个电容量之和,$C_{总} = C_1 + C_2 + C_3 + \cdots\cdots C_n$。

电容器并联时,每只电容器上所承受的电压相等,等于总电压。因此,如果工作电压不相同的几只电容器并联,必须把其中最低的工作电压作为并联后的工作电压。电解电容器并联时,应正极与正极并联,负极与负极并联。

电容器的串联:电容器串联的结果等于增加了绝缘介质的厚度(即增加了两块金属电极之间的距离),因而总容量减小,并小于其中最小的一只电容器的电容量。总容量的倒数等于各电容器容量倒数之和,即 $1/C_{总} = 1/C_1 + 1/C_2 + \cdots\cdots 1/C_n$。如果是两只电容器串联,串联后的总容量为一个电容的一半。串联后电容(C)的工作电压,在电容量相等的条件下等于每个电容的工作电压之和。电解电容串联时,应为正极与负极相连。

应注意在实际应用中,容量和耐压相差太多,不应进行串、并联,无实际意义。

问 8. 固定电容器应用时应注意哪些事项?

①电容器两端所加的实际电压(包括脉冲电压)不得大于其额定直流工作电压。

②不同特性的电容不可随意替换,如低频涤纶电容不能用于高频电路。

③用于谐振回路的固定电容器的误差不可过大。

④绝缘电阻小的固定电容器不能使用。

⑤无合适的电容器时,可以并联或串联使用。

⑥必须按照正确的极性连接到电路中,即正极接高电位,负极接低电位。如果在使用时把两极弄颠倒,轻者使电容器击穿、失效,重者将发生爆炸。

⑦焊接时动作要快,不要让烙铁的高温破坏了封口的密封材料,造成电解液外漏。

⑧电解电容器储存时间过长,会引起绝缘电阻和电容量减小,性能变坏。电解电容器的寿命为 5~10 年。如果长久放置不用,电解电容器也可能自然损坏。因此在购买电解电容器时,应尽量选择近期产品。

问 9. 什么是可变电容器?

电容量可以调整的电容器被称为可变电容器。可变电容器按介质的不同可以分为空气介质和有机薄膜介质两种。按照结构的不同又可分为单联可变电容器、双联可变电容器和四联可变电容器。

(1)单联可变电容器

单联可变电容器由一组动片和一组定片以及转轴等组成。单联可变电容器用薄膜作为介质,并用塑料外壳把动片和定片组密封起来,因此称密封单联可变电容器。单联可变电容器用空气作为介质,因此称空气单联可变电容器。当转动转轴时,即改变了动片与定片的相对位置,从而调整了电容器电容量的大小。将动片组全部旋出,电容量最小;将动片组全部旋入,电容量最大。例如:7/270p,这表示当旋动转轴时,单联可变电容器的容量可以在 7~270pF 之间变化,因此电容器的最小容量是 7pF,最大容量是 270pF。

(2)双联可变电容器

双联可变电容器由两组动片和两组定片以及转轴组成。由于双联可变电容器的动片安装在同一根转轴上,所以当旋转转轴时,双联动片组同步转动(转动的角度相同),两组的电容量可同时进行调整。

(3)四联可变电容器　四联可变电容器由四组动定片组成四个可变电容器,当旋转转轴时,四个电容器在调整时同步变化。

问 10. 怎样检测可变电容器?

(1)检查转轴是否灵活　用手轻轻旋动转轴,应感觉十分平滑,不应有时松时紧甚至卡滞现象。将转轴向前、后、上、下、左、右等各个方向推动时,转轴不应有松动的现象。

(2)检查转轴与动片连接是否良好可靠

旋动转轴,并轻按动片组的外缘,不应感觉有任何松脱现象。转轴与动片之间接触不良的可变电容器不能使用。

(3)检查动片与定片间有无碰片短路或漏电

将指针式万用表置于 $R \times 10k\Omega$ 挡,将两个表笔分别接可变电容器的动片和定片的引出端,将转轴缓缓旋动几个来回,万用表指针都应在无穷大位置不动。在旋动转轴的过程中,如果指针有时指向零,说明动片和定片之间存在碰片短路点;如果旋到某一角度,万用表读数不为无穷大而是出现一定阻值,说明可变电容器动片与定片之间存在漏电现象。

对于双联或多联可变电容器,可用上述同样的方法检测其他组动片与定片之间有无碰片短路或漏电现象。

问 11. 可变电容器损坏后如何修理?

可变电容器易出现的故障主要是动片和定片之间碰片、漏电、静电感应、动片松动、动片定位失灵不起作用等,可根据不同情况进行适当修理。

①密封可变电容器发生动片和定片相碰(薄膜损坏),可将 4 个固定柱上的螺母卸下,再将损坏的薄膜片取下,换上好的(可从同类型报废的可变电容器中取出薄膜使用)即可。

②密封可变电容的薄膜介质在长期使用中易产生静电感应,调节时出现"咔咔"噪声,一般可用酒精清洗。但因酒精挥发性强,清洗一段时间后,又会在薄膜上积累静电子,调节时仍会产生噪声。较好的解决办法是:将塑料外罩取下,采用洁净的润滑剂,边旋转边喷射润滑剂,能在较长时间内避免静电感应引起的噪声。

如果旋转中动定片相碰触,可用薄钢片将变形动片调整过来即可。

③空气介质的可变电容器使用时间过长时,片间积累灰尘和油污,或者动片和定片受腐蚀,表层氧化、起皮,沾上脏物,加上受潮,使定片和动片之间绝缘电阻下降、定片和动片之间碰片,导致不能正常使用。发现这种情况,用薄钢片插入片间,将灰尘、油污清除干净,将碰片校正即可。

第3章 电 感 器

问 1. 什么是电感器？有哪些作用？

电感器是一种储能元件，它可以把电能转换成磁能，又可将磁能转换成电能。

当交变电流通过线圈时，就会在线圈周围产生交变磁场，使线圈自身产生感应电动势。这种感应现象称为自感现象，它所产生的电动势称为自感电动势，其大小与电流变化率成正比。自感电动势总是企图阻止电路中电流的变化。电感器具有通低频阻高频、通直流阻交流、在理想状态储存电能的特性。用它与电容器配合可以组成调谐器、滤波器，起到选频、分频的作用。通电后的电感线圈周围会产生磁场，用它可构成电磁铁、继电器等。通过交变电流的线圈与永久磁铁配合可构成扬声器；让线圈在永久磁铁的磁场中运动（切割磁力线），线圈中会产生交变电流，利用此特点，又可做成传声器；线圈中通过交变电流，在线圈周围将产生交变磁场，处于交变磁场中，在线圈两端会不断产生感应电动势，利用此特点，可将线圈绕在铁心外做成变压器。

问 2. 电感器怎样分类？

电感器的分类见表 3-1。

表 3-1　电感器的分类

电感器	电感线圈	单层线圈
		多层线圈
		蜂房式线圈
		带磁心线圈
		固定电感器
		可调电感器
		低频扼流圈
	变压器	电源变压器
		低频输入变压器
		低频输出变压器
		中频变压器
		宽频带变压器
		脉冲变压器

问 3. 怎样对电感线圈命名？

电感器分为两大类：以自感为特性的电感线圈和以互感为特性的变压器。电感线圈中以固定电感器的命名最规范，变压器中以中频变压器和电源变压器的命名最规范，其余各类电感器多为企业自行命名。

电感器的命名如图 3-1 所示。

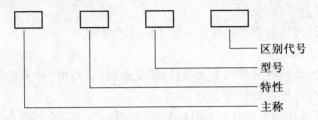

图 3-1 电感器的命名

固定电感器以 LG1 型、LG2 型最为常见。LG1 型固定电感器是轴向引线，即两条引线在电感器的两端；LG2 型固定电感器是同向引线，即两条引线在电感器的同一端。固定电感器的最大工作电流可用英文字母表示。

问 4. 电感器的主要参数有哪些？ 怎样标注？

(1)电感器的主要参数

①电感量。电感量是电感器的一个重要参数，其单位是亨利（H），简称亨。常用的单位还有毫亨（mH）和微亨（μH），它们之间的关系为：$1H = 10^3 mH = 10^6 \mu H$。

电感量的大小与电感线圈的匝数（圈数）、线圈的横截面积（圈的大小）、线圈内有无铁心或磁心有关。相同类型的线圈，匝数越多，电感量越大；具有相同圈数的线圈，内有磁心（铁心）的比无磁心（铁心）的电感量大。

②额定电流。额定电流是指电感器正常工作时，允许通过的最大工作电流。若工作电流大于额定电流时，电感器会因发热而改变参数，严重时将被烧毁。电流表示方法见表 3-2。

表 3-2 固定电感器电流表示

英文字母	A	B	C	D	E
最大工作电流(mA)	50	150	300	700	1600

例如：LG1-B-560μH±10% 表示两端轴向引线、电流组别 150mA、标称电感 560μH、允许偏差±10% 的固定电感器。

③分布电容。线圈的分布电容是线圈的匝与匝之间、线圈与地之间、线圈与屏蔽罩之间等处的电容，这些电容虽小，但当线圈工作在高频段时，分布电容的影响便不可忽视，它们将影响线圈的稳定性和品质因数 Q，即 Q 值，所以线圈的分布电容越小越好。

④感抗。感抗是指电感线圈对交流电的特殊阻碍能力,用 X_L 表示。$X_L = 2\pi fL$。X_L 为感抗,单位"Ω";f 频率,单位为赫兹(Hz);L 电感量,单位为亨利(H)。由上式可知,L 越大,f 越高,则 X_L 越大。

⑤允许误差。电感量允许误差用Ⅰ、Ⅱ、Ⅲ表示;分别为 ±5%、±10%、±20%。

(2)电感器的标法

电感器标注方法有直接标注法和色环标注法两种。

①直接标注法。

直接标注法是将电感器的主要参数,如电感量、误差值、最大直流工作电流用文字直接标注在电感器的外壳上。

例如:电感器外壳上标有 6.8mH. A. Ⅱ 等字标,表示其电感量为 6.8mH,误差为Ⅱ级(±10%),最大工作电流为 A 挡(50mA)。

②色环标注法。

色环标注法是指电感器的外壳印有各种不同的色环来标注其主要参数,颜色与数字的对应关系和色环电阻标志相同,它们的对应关系见表 3-3 及图 3-2 所示。

表 3-3　色标法各种颜色与数字的对应关系

颜色	棕	红	橙	黄	绿	蓝	紫	灰	白	黑	金	银	无色
数值位	1	2	3	4	5	6	7	8	9	0			
倍率位	10^1	10^2	10^3	10^4	10^5	10^6	10^7	10^9	10^0		10^{-1}	10^{-2}	
允许偏差	±1%	±2%			±0.5%	±0.25%	±0.1%				±5%	±10%	±20%

其中,最靠近某 1 端的第 1 条色环表示电感量的第 1 位有效数字;第 2 条色环表示第 2 位有效数字;第 3 条色环表示 10 的几次方或有效数字后有几个 0;第 4 条色环表示误差,电感值的单位为微亨(μH)。如某一电感器的色环标志依次为:棕、红、红、银,它表示其电感量为 $12 \times 10^2 \mu H = 1200\mu H$,允许误差为 ±10%。

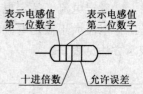

图 3-2　色码电感器各部分含义

问 5. 怎样检测普通电感线圈?

在电子电路设计中,常常需要测量各种线圈的好坏及电感量。通常测量电感要用功率因数表,即 Q 表或电桥测试仪来测量,但这些仪表,个人很难拥有。用万用表来测量电感的方法有多种。电感元件的绕组通断、绝缘等状况可用万用表的电阻挡进行检测。

(1)在路检测　将指针式万用表置 R×1 挡或 R×10 挡,红、黑表笔接触线圈的两端,表针应指示导通,否则线圈断路。

（2）非在路检测　将电感元件从线路板上焊开一脚，或直接取下，把指针式万用表转到 R×1Ω 挡并准确调零，测线圈两端的阻值。如线圈用线较细或匝数较多，指针应有较明显的摆动，一般为几欧姆至十几欧姆之间；如阻值明显偏小，则线圈匝间短路。如线圈线径较粗，电阻值小于 1Ω，用指针式万用表的 R×1 挡来测量就不太易读，可改用数字万用表的欧姆挡小值挡位，可以较准确地测量 1Ω 左右的阻值。应注意的是：被测电感器直流电阻值的大小与绕制电感器线圈所用的漆包线线径、绕制圈数有关，只要能测出电阻值，则可认为被测电感器是正常的。

问 6. 如何维修和代换电感线圈？

（1）检测方法　电感线圈故障主要是短路、开路故障。如能找到故障点，可将短路点拨开，开路时用烙铁焊接即可。

（2）电感线圈的代换

在修理中，若发现某一电感损坏，手头又没有同规格电感更换，可采用串联、并联电感的方法进行应急处理。

①利用电感串联公式，将小电感量电感变成所需大电感量电感。电感串联公式为

$$L 串 = L_1 + L_2 + L_3 + \cdots$$

②利用电感并联公式，将大电感量电感变成所需小电感量电感。电感并联公式为

$$1/L 并 = 1/L_1 + 1/L_2 + \cdots$$

问 7. 什么是变压器？

变压器也是电感元件的一种，它是利用电感器的电磁感应原理制成的部件。在电路中用字母"T"表示。变压器是利用其一次（初级）、二次（次级）绕组之间圈数（匝数）比的不同来改变电压比或电流比，实现电能或信号的传输与分配。图 3-3所示为变压器的工作原理。

问 8. 变压器如何分类？

变压器可以根据其工作频率、用途及铁心开关等进行分类。

按工作频率可分为高频变压器、中频变压器和低频变压器；按用途可分为电源变压器（包括电力变压器）、音频变压器、脉冲变压器、恒压变压器、耦合变压器、自耦变压器、升压变压器、隔离变压器、输入变压器、输出变

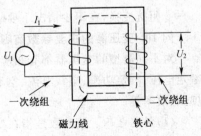

图 3-3　变压器的工作原理

压器等多种；按铁心（磁心）形式可分为"EI"形变压器（或"E"形变压器）、"C"形变压器和山形变压器。

变压器电路符号如图 3-4 所示。

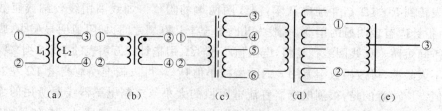

(a)　　　　　　(b)　　　　　　(c)　　　　　　(d)　　　　　　(e)

图 3-4　变压器的电路符号

(a)普通型　(b)标出同名端　(c)有静电隔离层　(d)多绕组式　(e)自耦式

图 3-4a 所示是带铁心(或磁心)的变压器电路符号,它有两组线圈 L_1、L_2。其中,L_1 为一次侧,L_2 为二次侧。一次侧用来输入交流电流,二次侧则是用来输出电流。

图 3-4b 所示是标出同名端的变压器电路符号,它用黑点表示线圈的同名端,这表明一次侧、二次侧线圈上的同名端电压极性相同,两端点的电压同时增大或同时减小。

图 3-4c 所示为一次侧、二次侧之间带有屏蔽层的变压器电路符号,虚线表示一次侧线圈和二次侧线圈之间的屏蔽层,实线表示铁心。

图 3-4d 为多绕组变压器符号,二次侧有多个绕组抽头。

图 3-4e 所示为自耦变压器电路符号。①～②之间为一次侧线圈,②～③之间为二次侧线圈,③端为线圈①～②的一个抽头。

问 9. 变压器的主要作用有哪些?

①降压或升压,大量应用的是对交流市电进行降压,这种变压器称之为电源变压器。

②信号耦合,在对信号耦合的过程中可以进行升压或降压,以便获得合适的输出信号。

③阻抗变换,在不少情况下要求电路阻抗匹配,此时可使用变压器来完成。

问 10. 变压器的主要参数有哪些?

对不同类型的变压器都有相应的参数要求,其主要参数有:电压比、工作频率、额定电压、额定功率、空载电流、空载损耗、绝缘电阻和防潮性能等;磁屏蔽和静电屏蔽、效率等。

(1)额定电压　该参数是指在变压器的一次侧线圈上所允许施加的电压,正常工作时变压器一次侧绕组上施加的电压不得大于规定值。

(2)变压器的变压比　变压器一次侧与二次侧电压的比值称为变压比。变压器的变压比有空载和加载变压比之分。一般来说,空载时的变压比大于加载时的变压比。厂家给出的标称值都是指在额定负载条件下的加载变压比。

(3)**频率特性** 频率特性指传输信号的变压器对不同频率分量的传输能力。在频率的低端与一次侧线圈的电感量有关,一次侧线圈的电感量越小,信号中的低频分量损耗就越大,其幅度就越小;在频率的高端与变压器的漏感有关,漏感越大,信号中的高频分量损耗就越大,其幅度就越小。为了减小漏感,变压器可采用无漏感绕法。

(4)**变压器的效率** 在额定负载时,变压器的输出功率与输入功率的比值称为变压器的效率。变压器的效率与所用的材料有关,如漆包线的线径、铁心或磁心的选材等。所用的材料合适,可以大大减小变压器的铜损和铁损,从而提高效率。

(5)**额定功率** 额定功率是指变压器在规定的频率和电压下长期工作而不超过规定温升时二次侧输出的功率。

(6)**绝缘电阻** 该参数表示变压器各线圈之间、各线圈与铁心之间的绝缘性能。绝缘电阻的高低与所使用的绝缘材料的性能、温度高低和潮湿程度有关。

(7)**空载损耗** 变压器二次侧开路时,在一次侧测得的功率损耗即为空载损耗。

(8)**空载电流** 当变压器二次侧绕组开路时,一次侧线圈中仍有一定的电流,这个电流称为空载电流。空载电流由磁化电流(产生磁通)和铁损电流(由铁心损耗引起)组成。对于 50Hz 电源变压器而言,空载电流基本上等于磁化电流。

问 11. 怎样检测变压器?

在电路原理图中,变压器通常用字母"T"表示。如"T1"表示编号为 1 的变压器。

检测变压器时首先可以通过观察变压器的外貌来检查其是否有明显的异常。如线圈引线是否断裂、脱焊,绝缘材料是否有烧焦痕迹,铁心紧固螺丝是否有松动,硅钢片有无锈蚀,绕组线圈是否有外露等。

(1)线圈通断的检测

将万用表置于 R×1 挡检测线圈绕组两个接线端子之间的电阻值。若某个绕组的电阻值为无穷大,则说明该绕组有断路故障。如阻值很小为短路故障,此时不能测量空载电流。

(2)一次侧、二次侧绕组的判别

电源变压器一次侧绕组引脚和二次侧绕组引脚通常是分别从两侧引出的,并且一次侧绕组多标有 220V 字样,二次侧绕组则标出额定电压值,如 6V、9V、12V等。对于降压变压器,一次侧绕组电阻值通常大于二次侧绕组电阻值(一次侧绕组漆包线比二次侧绕组细)。

(3)绝缘性能的检测

用兆欧表(若无兆欧表则可用指针式万用表的 R×10kΩ 挡)分别测量变压器

铁心与一次侧、一次侧与各二次侧、铁心与各二次侧、静电屏蔽层与一、二次侧、二次侧各绕组间的电阻值,应大于 100MΩ 或表针指在无穷大处不动,否则说明变压器绝缘性能不良。

（4）空载电流的检测

将二次侧绕组全部开路,把万用表置于交流电流挡（通常 500mA 挡即可）,并串入一次侧绕组中。当一次侧绕组的插头插入 220V 交流市电时,万用表显示的电流值便是空载电流值。此值不应大于变压器满载电流的 10%～20%,如果超出太多,说明变压器有短路故障。

（5）同名端的判别

在使用电源变压器时,有时为了得到所需的二次侧电压,可将两个或多个二次侧绕组串联使用。采用串联法使用电源变压器时,进行串联的各绕组的同名端必须正确连接,否则,变压器将烧毁或者不能正常工作。判别同名端的方法如下:在变压器任意一组绕组上连接一个 1.5V 的干电池（当变压器绕组匝数少时,可用 9～15V 电池）,然后将其余各绕组线圈抽头分别接在直流毫伏表或直流毫安表的正负端。无多只表时,可用万用表依次测量各绕组。接通 1.5V 电源的瞬间,表的指针会很快摆动一下,如果指针向正方向偏转,则接电池正极的线头与电流表正接线柱的线头为同名端;如果指针反向偏转,则接电池正极的线头与接电表负接线柱的线头为同名端。另外,在测试时还应注意以下两点。

①若电池接在变压器的升压绕组（即匝数较多的绕组）,电流表应选用小的量程,使指针摆动幅度较大,以利于观察;若变压器的降压绕组（即匝数较少的绕组）接电池,电表应选用较大量程,以免损坏电流表。

②接通电源的瞬间,指针会向某一个方向偏转,但断开电源时,由于自感作用,指针将向相反方向偏转。如果接通和断开电源的间隔时间过短,很可能只看到断开时指针的偏转方向,而把测量结果搞错。因此在接通电源后需等几秒钟再断开电源,也可以多测几次,以确保测量结果的准确。

另外还可以应用直接通电法判别,即将变压器一次侧接入电路,测出二次侧各绕组电压,将任意两绕组的任意端接在一起,用万用表测另两端电压,如等于两绕组之和,则接在一起的为异名端;如低于两绕组之和（若两绕组电压相等,则可能为 0V）,则接在一起的两端或两表笔端为同名端。其他依此类推。（测量中应注意,不能将同一绕组两端接在一起,否则会短路,烧坏变压器。）

（6）空载电压的检测

将电源变压器的一次侧接 220V 市电,用万用表交流电压依次测出各绕组的空载电压值,允许误差范围一般为:高压绕组≤±10%,低压绕组≤±5%,带中心抽头的两组对称绕组的电压差应为≤±2%。

问 12. 变压器损坏后怎样修理？

变压器常见的故障为一次侧线圈烧断(开路)或短路;静电屏蔽层与一次侧或二次侧线圈间短路;二次侧线圈匝间短路;一次侧、二次侧线圈对地短路。

变压器损坏后可直接用同型号代用,代用时应注意功率和输入、输出电压。有些专用变压器还应注意阻抗。如无同型号时可采用下述方法维修:

(1)绕制

①当变压器损坏后,也可以拆开自己绕制。绕制变压器方法为:首先给变压器加热,拆出铁心,再拆出线圈(尽可能保留原骨架)。记住一次侧、二次侧线圈的匝数及线径,找到相同规格的漆包线,用绕线机绕制,并按原接线方式接线,再插入硅钢片加热,浸上绝缘漆,烘干即可。

②线圈快速估算法。由于小型变压器一次侧匝数较多,计数困难,可采用天平称重法估算匝数。即拆线圈时,先拆除二次侧线圈,将骨架与一次侧线圈在天平上称出重量(如为 100g),再拆除线圈(也可拆除线圈后,直接称出一、二次侧线圈重量)。当重新绕制时,用天平称重,到 100g 时,即基本为原线圈匝数(经此法绕制的变压器,一般不会影响其性能,另由于二次侧匝数较少,数清匝数后,可按 $\dfrac{V1}{V2} = \dfrac{N1}{N2}$ 进行核对匝数,以便更准确)。

(2)绕组与地短路的修理

绕组与静电隔离层或铁心短路时,可将电源变压器与地隔离,电路即可恢复正常工作。

①电源变压器的绕组与静电隔离层短路,只要将静电隔离层与地的接头断开即可。

②电源变压器的绕组与铁心短路,可用一块绝缘板将变压器与地隔离开。

用上述应急的方法可不必重绕变压器。但由于静电隔离层不起作用,有时会出现杂波干扰的现象。此时可在电源变压器的一次侧或二次侧并联一个零点几微法,电压为 400~600V 的无极固定电容器解决,或在电源电路上增设 RC 或 LC 滤波电路解决。

(3)变压器一次侧开路的修理

有些电源变压器一次侧绕组一端串有一只片状保险电阻,该电阻极易烧断开路,从而造成电源变压器一次侧开路不能工作,通常可取一根导线将其两端短接焊牢即可。

第 4 章　电声与声电器件

问 1. 什么是扬声器？作用是什么？

扬声器又称为喇叭，是一种电声转换器件，它将模拟的话音电信号转化成声波。广泛应用于各种电子设备中，如收音机、录音机、音响设备等。图 4-1 所示为扬声器内部结构及电路符号。

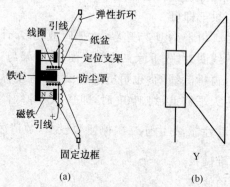

图 4-1　扬声器的内部结构及电路符号

(a)扬声器结构　　(b)扬声器电路符号

当音频信号电流流经扬声器的音圈（线圈）时，音圈中音频电流产生的交变磁场与永久磁体产生的强恒磁场相互作用使音圈发生机械振动，音圈会被拉入或推出，其幅度随电流方向及大小而改变（即将电能转换成机械能）；音圈的上下振动带动与其紧密连接的纸盆振动，使周围大面积的空气出现相应振动，将机械能转换成声能。

问 2. 如何测量使用扬声器？

①扬声器的输出阻抗与扬声器的额定阻抗相等时，扬声器获得的功率最大。使用中若两者配接不当，轻则发音不清，音质变差；重则导致扬声器和功放机损坏。扬声器的额定阻抗不等于扬声器音圈的直流电阻，可使用万用表的电阻挡测量扬声器音圈的直流电阻的方法，把测得的电阻值乘以 1.25 的系数，即近似为该扬声器的额定阻抗。扬声器的阻抗一般有 4Ω、8Ω、16Ω 等几种。若算得的值带有小数部分，应以与 4Ω、8Ω、16Ω 等最相接近的值为准。例如：某扬声器直流电阻为 6.3Ω，该数乘以 1.25，算得的值为 7.875Ω，则该扬声器的阻抗为 8Ω。

②扬声器功率的判别。扬声器的功率分为额定功率、最大功率、最小功率和瞬间功率。

额定功率又称标称功率,是指扬声器长时间工作且无明显失真的输入平均电功率。在实际设计时,扬声器的额定功率一般留有余量,且在标签上有标注。扬声器在额定功率下工作,失真不会超过规定值,音圈也不会发生过热现象。为了获得较好的音质,扬声器的输入功率应小于其额定功率,输入功率应在额定功率的1/2～2/3 之间。

最大功率(又称最大承载功率)是指扬声器长时间连续工作时所承受的最大输入功率,一般为额定功率的1～3 倍。

最小功率是指扬声器能被推动工作的基准电功率。

瞬间功率(也称为瞬时随功率)是指扬声器在短时间内(10ms)所能承受的最大功率,一般为额定功率的8～30 倍。平常所说扬声器功率多少瓦,就是指扬声器的额定功率。

扬声器的额定功率可由标签直接看出,当标签脱落后也可根据扬声器口径大小大致推断出来。一般口径越大,功率越大。为准确起见,可找一只口径一样、类型相同且标志清楚的扬声器进行对比,基本可确定下来。

③高、中、低音扬声器的判别。维修中可根据扬声器的结构、口径大小及纸盆柔软程度进行直观判别。

号筒式扬声器为高音扬声器。另外市售的还有一种专用高音扬声器,俗称高音头或小号筒,有电动式的,也有用压电或电容式的。

球顶扬声器(分软球顶和硬球顶)多为高音或中音扬声器,通常与锥盆低音扬声器配合使用。球顶中音扬声器比球顶高音扬声器的后空腔要大一些。

锥盆扬声器是最常用的一种,高、中、低音均有,又有橡皮边和纸边之分,可直接根据口径判别。

④扬声器好坏及性能的判别。在选购和使用扬声器时,用万用表 R×1 挡断续测量扬声器接线柱两端的直流电阻(即音圈的直流电阻)。若直流电阻值与额定阻抗值接近(约为额定阻抗的0.8 倍,通常在4～16Ω 范围),且扬声器发出"喀啦"声,说明扬声器基本正常。"喀啦"声越大,说明电声转换效率越高;"喀啦"声越清脆、干净,说明音质越好。若"喀啦"声很小甚至无,但直流电阻正常,说明音圈被卡住。若无"喀啦"声,直流电阻为无穷大,说明该扬声器引线已断或音圈开路。

⑤扬声器相位的判别。扬声器的相位也称正、负极性,是指当有直流电流接入扬声器时,纸盆向前运动,则以电流流入端为正极。由于这种规定是任意的,因此单只扬声器工作时,可不分正负;而当多只扬声器并联时,应使它们的正极与正极相连,负极与负极相连;当多只扬声器相串联时,应使一只扬声器的正极接另一只扬声器的负极,依次连接起来,这样才能使多只扬声器同相工作。

扬声器正、负极的检测方法如图 4-2 所示。

使用万用表的 50μA 或 250μA 挡,将两表笔并联在扬声器的接线柱两端,按压纸盆(但用力不要太大,以免损坏纸盆),若表头指针自左向右摆动,则接黑表笔的一端为扬声器的正极;若表头指针自右向左摆动,则接红表笔的一端为扬声器的正极。

使用万用表的R×1挡,用红、黑两只表笔分别瞬间接触扬声器的两接线端,仔细查看纸盆运动方向。若纸盆向前运动,则黑表笔接触的接线端为扬声器的正极;若纸盆向后运动,则红表笔接触的接线端为扬声器的正极。

使用一干电池:用导线让其正、负极分别瞬时间接触扬声器的两接线端,仔细观察纸盆运动方向。若纸盆向前运动,则接电池正极的一端为扬声器的正极;若纸盆向后运动,则接电池负极的一端为扬声器的正极。

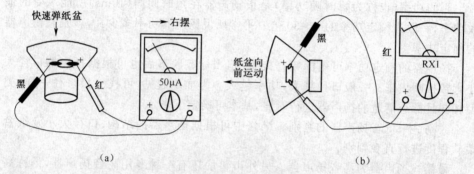

图 4-2　扬声器正负极的检测

(a)使用万用表的微安挡判别扬声器正、负极　(b)使用万用表的电阻挡判别扬声器正、负极

问 3. 扬声器损坏后如何修理?

(1)从外观结构上检查　从外表观察扬声器的铁架是否生锈;纸盆是否受潮、发霉、破裂;引线有无断线、脱焊或虚焊,有则应焊接;磁体是否开裂、移位;用旋具靠近磁体检查其磁力的强弱。

(2)线圈与阻抗的测试　将万用表置于R×1挡,用两表笔(不分正负极)点触其接线端,听到明显的"咯咯"响声,表明线圈未断路。再观察表针停留的地方,若测出来的阻抗与所标阻抗相近,说明扬声器良好;如果实际阻值比标称阻值小得多,说明扬声器线圈存在匝间短路;若阻值为无穷大,说明线圈内部断路或接线端有可能断线、脱焊或虚焊,可焊接。

(3)声音失真　声音失真主要有纸盆破裂及音圈与磁钢降磁,一般应更换(纸盆轻微破裂可用胶水修补)。

对于号筒式扬声器,音圈烧坏后可用相同型号的音圈代用。使用时,应注意凹膜和凸膜(区分方法是音圈向上,下凹的为凹膜,凸起的为凸膜)的区别。代用时,可用凸膜代凹膜,方法是将凸起部分按下去即可,但凹膜不能代凸膜;装音膜时应先清理磁钢中的磁粉再装入;拧螺钉时应对角拧,以防变形。

(4)扬声器代换

①注意扬声器的口径及外形。新、旧扬声器口径应尽可能相同,否则有可能无

法安装。

②注意扬声器的阻抗。阻抗匹配也不能相差太大。当负载阻抗减小时,则输出功率就增大,其输出电流也增大,有可能会损坏功放级。

③注意扬声器的额定功率。扬声器功率应尽可能相同,如不同会造成与放大器输出功率不匹配,损坏扬声器或功能级。

除上述三项外,在选用时还应注意扬声器的电性能指标,即要求失真度小、频率特性好和灵敏度高等。

问 4. 耳机和耳塞有哪些性能特点?

耳机和耳塞也是一种电—声转换器件,其结构与电动式扬声器相似,也是由磁铁、音圈和振动膜片等组成。但耳机和耳塞的音圈多是固定的。图 4-3 是耳机和耳塞的外形和符号图。

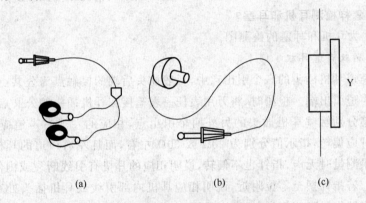

图 4-3　耳机和耳塞的外形与符号

(a)耳机　(b)耳塞　(c)符号

耳机和耳塞可分为单声道式和双声道式。耳机多数为低阻抗类型,如 $20\Omega\times2$ 和 $30\Omega\times2$,常用的为平膜动圈式。耳塞有高阻和低阻两种,高阻为 800Ω 或 $1.5k\Omega$,低阻为 8Ω、10Ω 或 16Ω。表 4-1 列出了常见的几种高保真耳机性能参数。

表 4-1　列出了常见的几种高保真耳机性能参数

型号	频率范围(Hz)	阻抗 Ω	灵敏度(Db/mW)	谐波失真(%)
HP-2001	20～20k	600	96	
SE-81	80～20k	35	95	
MS-80	20～20k	25	100	
MDR-E252	20～20k	18	108	
K40	30～18k	200	95	0.9(95dB)
K180	16～20k	600	112	1(125dB)

续表 4-1

型号	频率范围(Hz)	阻抗 Ω	灵敏度(Db/mW)	谐波失真(%)
K240	15～20k	600	102	0.3(95dB)
EAH-T805	20～20k	125	100	
EAH-830	15～35k	125	96	
MDR-7	16～22k	55	101	
MDR-80T	16～24k	45	106	

耳机多为双声道式,相应地引出插头上有三个引出点。耳塞一般为单声道式,相应地引出插头上有两个引出点。检测时,应区别不同情况正确测量。

问 5. 怎样检测耳机和耳塞?

图 4-4 为耳机和耳塞的检测图。

(1)检测双声道耳机

在双声道耳机插头的三个引出点中,一般插头后端的接触点为公共点,前端分别为左右声道引出端。检测时,将万用表任一表笔接在耳机插头的公共点上,然后用另一表笔分别触碰耳机插头的另外两个引出点,相应的左或右声道应发出"喀喀"声,指针应偏转,指示值分别为 20Ω 或 30Ω 左右,而且左右声道的耳机阻值应对称。如果测量时无声,指针也不偏转,说明相应的耳机有引线断裂或内部焊点脱焊的故障。若指针摆至零位附近,说明相应耳机内部引线或耳机插头处有短路的地方。若指针指示阻值正常,但发声很轻,一般是耳机振膜片与磁铁间的间隙不对造成的。图 4-4a 所示为检测双声道耳机的过程。

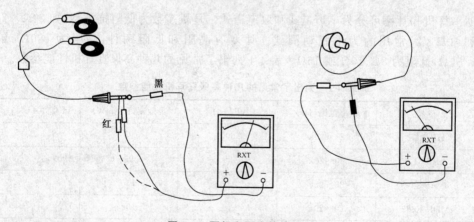

图 4-4　耳机和耳塞的检测

(a)检测双声道耳机　　(b)检测耳塞

（2）检测耳塞　将任一表笔固定接触在耳塞插头的一端,用另一表笔去触碰耳塞插头的另一端,指针应偏转,指示值应为高阻 800Ω 左右,低阻 8～10Ω,同时耳塞中应发出"喀喀"声,如果无声,指针也不偏转,表明耳塞引线断裂或耳塞内部焊线脱焊;若触碰时耳塞内无声,但指针却指示在零值附近,表明耳塞内部引线或耳塞插头处存在短路故障。图 4-4b 为检测耳塞的过程。

问 6. 压电陶瓷蜂鸣片有哪些性能特点?

压电陶瓷蜂鸣片的外形结构及电路符号如图 4-5 所示。

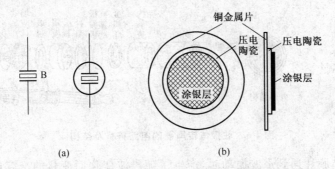

图 4-5　压电陶瓷蜂鸣片的外形结构和电路符号

(a)电路符号　(b)外形结构

压电陶瓷蜂鸣片通常是用锆钛酸铅或铌镁酸铅压电陶瓷材料制成。在陶瓷片的两面镀上银电极,经极化、老化后,用环氧树脂把它与黄铜片(或不锈钢片)粘贴在一起成为电声元件。当在沿极化方向的两面施加振荡电压时,交变的电信号使压电陶瓷带动金属片一起产生弯曲振动,而发出响亮的声音。

压电陶瓷蜂鸣片的特点是:体积小,重量轻,厚度薄,耗电省,可靠性高,声响可达 120dB,且造价低廉。因此它可适用于电子手表、玩具、报警器、门铃等各种电子产品上作发声器件。

问 7. 怎样检测压电陶瓷蜂鸣片?

（1）从外观上检查　压电陶瓷式扬声器,又叫作晶体式扬声器,主要检查压电片的表面有无破损、开裂,引线是否脱焊、虚焊。

（2）"压电效应"的检测　用万用表不易测出其直流阻抗值,但可以利用"压电效应"的逆过程来检测。将万用表(数字、指针式皆可)置于微安挡,两表笔不分正、负极分别接在压电片的两极引出线上,然后用铅笔的橡皮头轻压平放于桌面上或玻璃台板上的压电片,观察表头指针是否摆动。若表针有明显摆动,表明压电片完好,否则压电片失效。

问 8. 驻极体传声器的构成特性有哪些?

驻极体传声器由声电转换和阻抗变换两部分组成。图 4-6 所示为驻极体传声器的电路符号及结构图。

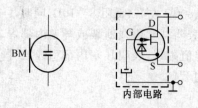

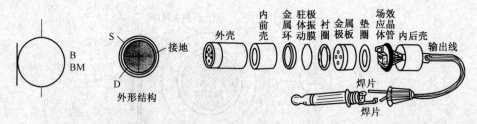

图 4-6　驻极体传声器的电路符号及结构

当驻极体膜片遇到声波振动时,产生了随声波变化而变化的交变电压。它的输出阻抗值很高,约几十兆欧以上,不能直接与音频放大器相匹配,所以在传声器内接入一只结型场效应晶体管来进行阻抗变换。

图 4-7 所示为驻极体传声器常用连接方式。对应的传声器引出端有三端式和两端式两种。常用的有源极输出和漏极输出两种。

源极输出有三根引出线,漏极 D 接电源正极。源极与地之间接一电阻来提供源极电压,信号由源极经电容输出。编织线接地起屏蔽作用。源极输出的输出阻抗小于 2kΩ,电路比较稳定,动态范围大,但输出信号比漏极输出小。

漏极输出有两根引出线,漏极 D 经一电阻接至电源正极,再经一电容作信号输出,源极 S 直接接地。漏极输出有电压增益,因而传声器灵敏度比源极输出时要高,但电路动态范围略小。R 的大小要根据电源电压大小来决定,一般为几千欧。

在场效应晶体管的栅极与源极之间接一只二极管,可防止在场效应晶体管受强信号冲击时损坏。因而可利用二极管的正反向电阻特性来判别驻极体传声器的漏极 D 和源极 S。将万用表调至 R×1kΩ 挡,黑表笔接任一极,红表笔接另一极。再对调两表笔,比较两次测量结果。阻值较小时,黑表笔接的是源极,红表笔接的是漏极。

多数驻极体传声器内已设有偏置电阻,少数驻极体传声器产品内部没有加装场效应晶体管,两个输出接点可以任意接入电路,但最好应将接外壳的一点接地,另一点接由场效应晶体管组成的高阻抗输入前置放大器。

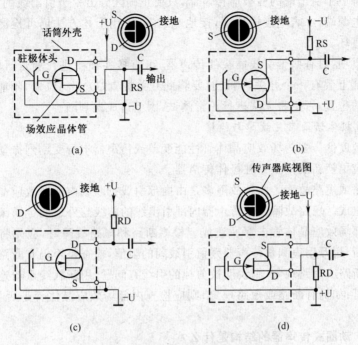

图 4-7　驻极体传声器常用连接方式

(a)负极接地,S极输出　(b)正极接地,S极输出

(c)负极接地,D极输出　(d)正极接地,D极输出

问 9. 怎样检测驻极体传声器?

(1)断路和短路故障　将万用表置于 R×100 挡,红表笔接驻极体传声器的芯线或信号输出点,黑表笔接引线的金属外皮或传声器的金属外壳。一般所测阻值应在 $500\Omega \sim 3k\Omega$ 范围内。若所测阻值为无穷大,则说明传声器断路;若测得阻值接近零时,表明传声器有短路性故障。如果阻值比正常值小得多或大得多,都说明被测传声器性能变差或已经损坏。

(2)灵敏度测量法　将万用表置于 R×100 挡,将红表笔接传声器的负极(一般为传声器引出线的芯线),黑表笔接传声器的正极(一般为传声器引出线的屏蔽层),此时万用表指示应有一定的阻值,正对着传声器吹气,万用表的指针应有较大幅度的摆动。万用表指针摆动的幅度越大,说明传声器的灵敏度越高;若万用表的指针摆动幅度很小,则说明传声器灵敏度很低,使用效果不好。如发现万用表的指针不摆动,可交换表笔位置再次吹气试验;若指针仍然不摆动,则说明传声器已经损坏。另外,如果在未吹气时,指针指示的阻值便出现漂移不定的现象,说明传声器热稳定性很差,则不应继续使用。

对于有三个引出端的驻极体传声器,只要正确区分出三个引出线的极性,将黑表笔接正电源端,红表笔接输出端,接地端悬空,采用上述方法仍可检测鉴定传声器性能的好坏。

注意事项:对有些带引线插头的传声器,可直接在插头进行测量。但要注意,有的传声器上装有一个开关,测试时要将此开关拨置"ON"的位置,不能将开关拨置"OFF"的位置,否则将无法进行正常测试,因而造成误判断。

(3)驻极体话筒常见故障与检修

①灵敏度低。多为场效应晶体管性能变差或传声器本身受剧烈振动使膜片发生位移。应更换新的同型号驻极体传声器。

②断路或短路故障。此种故障多是由内部引线折断或内部场效应晶体管电极烧断损坏造成。短路故障多是传声器内部引出线的芯线与外层的金属编织线相碰短路或内部场效应晶体管击穿所造成。检测断路和短路故障时,应先将传声器外部引线剪断,用万用表测量传声器残留引线间的阻值,检查是否有断路或短路现象。如无断路或短路现象,则说明被剪掉的引线有问题,用新软线重新连接残留引线两端即可;如仍有断路或短路现象,则应检查内部场效应晶体管是否异常,如是则应更换。

问 10. 动圈式传声器的结构是什么?

动圈式传声器,俗称话筒,音译为麦克风。它是声-电换能器件。动圈式传声器的结构如图 4-8 所示。

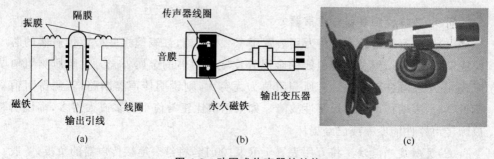

(a)　　　　　　　　　　　(b)　　　　　　　　　　　(c)

图 4-8　动圈式传声器的结构

(a)动圈传声器内部结构　(b)带有输出阻抗匹配器的内部结构图　(c)外形结构图

动圈式传声器由振膜、线圈、永久磁铁和输出变压器等组成。振膜片随声波压力振动,并带动和它装在一起的线圈在磁场内振动以产生感应电流。该电流随着振膜受到声波压力的大小而变化。声压越大,产生的电流就越大;声压越小,产生的电流也越小(通常为数毫伏)。为了提高它的灵敏度和满足与扩音机输入阻抗相匹配,在传声器中还装有一只输出变压器。变压器有自耦和互感两种,根据一、二次侧线圈匝数比不同,其输出阻抗有高阻、低阻两种。传声器的输出阻抗在 600Ω

以下的为低阻传声器；输出阻抗在 10 千欧以上的为高阻传声器。目前国产的高阻传声器，其输出阻抗都是 20 千欧。有些传声器的输出变压器二次侧有两个抽头，它既有高阻输出，又有低阻输出，只要改变接头，就能改变其输出阻抗。

问 11. 怎样检测动圈式传声器？

（1）从外观结构上检测　在检测时应采取先外后内的方法，当有失真现象时，则应先查一下音头是否受潮，音圈与磁钢间是否相碰；然后用万用表检查音圈阻抗与标称值是否相近。如出现无声故障时，应先查一下音圈接线是否松动、接触不良；然后再用万用表检查有无通断；还应检查开关有无松动，插头有无脱焊，线绳的芯线和屏蔽线有无断路等。

（2）无声故障的判断　一般传声器（如家庭用卡拉 OK 传声器），其直流电阻均为 $600 \pm 10\Omega$。用万用表 $R \times 100$ 挡测试插头中心端与外壳，打开传声器开关置于 ON 处，阻值应为 600Ω。如果测不出阻抗，说明传声器从插头→开关→音头处有断路现象，可用万用表一一检测。首先旋开前罩，直接测量音头引出线两端，若 R 为 ∞，证明音圈内部开路；若 R 为 600Ω 左右，证明音圈良好，故障在插头或线绳与开关处，实践证明这几处常发生断路的现象：如线绳的屏蔽网线容易折断，芯线脱焊，开关内部接触不良或接线脱焊等。

（3）严重啸叫

啸叫是传声器的常见故障，主要有下面几个原因。

①线绳中的屏蔽网线被折断或接于插头的屏蔽线脱落，只有其芯线正常。当传声器插头插上功放器的插口，由于屏蔽线断开，相当于接地线也断开，手握传声器的人体感应或外界干扰均会传至扩音器中发生自激振荡而啸叫。

②更换音头后，由于线绳中的芯线和屏蔽线是通过拨动开关再引出两接线焊至音头的，所以很容易造成中心线对接功放器的地端，屏蔽线接功放的输入端。对于塑料筒外壳的传声器发现不了问题，也不会产生啸叫，但对于金属筒外壳接的是中心线，人体感应就引入到功放器中而产生啸叫。可用万用表 $R \times 100$ 挡测，将音头一端引线焊开，以免形成回路；再将开关置于“ON”位置。若置于“OFF”位置，相当于中心线与屏蔽线短接，也会形成回路，影响测试。这时用万用表接插头中心端与传声器金属外壳，不应该导通，说明其芯线没有与手持金属部分相连，防止了人体感应，而应该是金属筒外壳与接插头屏蔽线的端子相接，这样手持的是功放的接地部分，则不会发生啸叫。

（4）音轻、失真的检测　先旋开音头前罩，观察振动膜有无压扁、有无弹性。用万用表 $R \times 1$ 挡，两表笔点触音头两端；若声音很小，改用 $R \times 100$ 挡，测出阻抗。若阻抗为 300Ω 左右，说明音圈内部存在匝间短路，导致电磁感应下降。若点触音圈两接线端有明显“沙沙”声，则是音圈与磁钢相碰产生的摩擦声，说明音圈或振动膜位置改变，不能使用。如上述部位均正常，一般是磁钢的磁性下降，只有更换音头。

第 5 章 二 极 管

问 1. 什么是二极管？具有哪些特性？

（1）二极管的外形及结构

二极管的文字符号为 VD，常用二极管的外形及结构符号如图 5-1 所示。

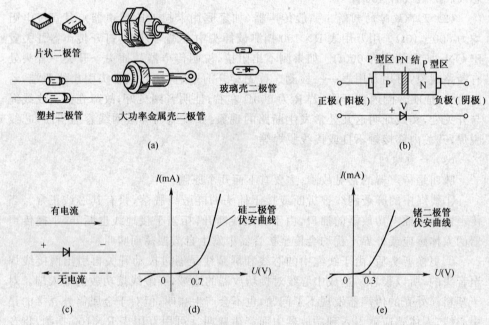

（a）

（b）

（c）

（d）

（e）

图 5-1　二极管的图形符号及伏安特性曲线图

（a）外形图　（b）结构图及符号　（c）二极管正向导电特性

（d）硅二极管伏安特性曲线　（e）锗二极管伏安特性曲线图

（2）二极管的特性

二极管具有单向导电特性，只允许电流从正极流向负极，不允许电流从负极流向正极。

锗二极管和硅二极管在正向导通时具有不同的正向管压降。由图 5-1 可知当所加正向电压大于正向管压降时，二极管导通。锗二极管的正向管压约为 0.3V，硅二极管正向电压大于 0.7V。另外，在相同的温度下，硅二极管的反向漏电流比锗二极管小得多。从以上伏安特性曲线可见，二极管的电压与电流为非线性关系，二极管是非线性半导体器件。

问 2. 二极管如何分类?

表 5-1 为二极管的分类。

表 5-1 二极管的分类

二极管	按材料分	锗材料二极管
		硅材料二极管
	按结构分	点接触型二极管
		面接触型二极管
	按封装分	玻璃外壳二极管(小型用)
		金属外壳二极管(大型用)
		塑料外壳二极管
		环氧树脂外壳二极管
	按用途分	普通二极管(检波)
		整流二极管
		高压整流二极管
		硅堆
		稳压二极管
		开关二极管
		发光二极管
		光敏二极管
		磁敏二极管
		变容二极管
		隧道二极管

问 3. 普通二极管的主要参数有哪些?

(1)最大整流电流 I_{FM} 最大整流电流是指允许正向通过 PN 结的最大平均电流。使用中实际工作电流应小于 I_{FM},否则将损坏二极管。

(2)最大反向电压 U_{RM} 最大反向电压是指加在二极管两端而不致引起 PN 结击穿的最大反向电压。使用中应选用 U_{RM} 大于实际工作电压 2 倍以上的二极管。

(3)反向电流 I_{CO} 反向电流是指加在二极管上规定的反向电压下,通过二极管的电流。硅管 $1\mu A$ 或更小,锗管约几百微安。使用中反向电流越小越好。

(4)最高工作频率 f_M 最高工作频率是指二极管保证良好工作特性的最高频率作频率。至少应 2 倍于电路实际工作频率。

问 4. 怎样识别及检测普通二极管?

(1)极性识别

①直观判断。有的将电路符号印在二极管上标示出极性;有的在二极管负极一端印上一道色环作为负极标记;有的二极管两端形状不同,平头为正极、圆头为负极。使用中应注意识别,带有符号按符号识别。如测量二极管可用万用表进行管脚识别和检测。将万用表置于 R×1kΩ 挡,两表笔分别接到二极管的两端,如果测得的电阻值较小,则为二极管的正向电阻,这时与黑表笔(即表内电池正极)相连是二极管正极,与红表笔(即表内电池负极)相连接的是二极管负极。

②好坏判断。如果测得的电阻值很大,则为二极管的反向电阻,这时与黑表笔相接的是二极管负极,与红表笔相接的是二极管正极。二极管的正、反向电阻应相差很大,且反向电阻接近于无穷大。如果某二极管正、反向电阻均为无穷大,说明该二极管内部断路损坏;如果正、反向电阻均为零欧,说明该二极管已被击穿短路;如果正、反向电阻相差不大,说明该二极管质量太差,不宜使用。

(2)硅、锗管判断　由于锗二极管和硅二极管的正向管压降不同,因此可以用测量二极管正向电阻的方法来区分。如果正向电阻小于 1kΩ,则为锗二极管。如果正向电阻为 1~5kΩ,则为硅二极管。用数字万用表的二极管挡测量时,可直接显示正向导通电压值。0.2~0.3V 时为锗管,0.6~0.7V 为硅管。

(3)反向电压测量　一般低压电路中二极管无法测电压,如需测量可用一高压电源按图 5-2 所示电路连接。调 E_C 值,当电流表 Ⓐ 表针摆动时,电压表 Ⓥ 指示的即为二极管反向电压(实际应用中,一般无须测试此值)。

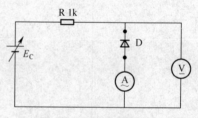

图 5-2　反向电压测量

问 5. 在使用中如果没有同型号的管子应怎样代换?

二极管一般不好修理,损坏后只能更换。在选配二极管时应注意以下原则。

①尽可能用同型号管子更换。

②无同型号时,可以根据二极管所用电路的作用及主要参数要求选用近似性能的管子代换。

③对于整流管,主要考虑 I_M 和 V_{RM} 两项参数。

④不同用途的二极管不宜互代。

问 6. 二极管半桥组件有哪些性能特点?

半桥组件是将两只整流二极管按规律连接起来并封装在一起的整流件。功能与整流二极管相同,使用起来比较方便,常用型号为 2CQ 系列。图 5-3 所示是几种常见半桥组件的外形和内部结构图。

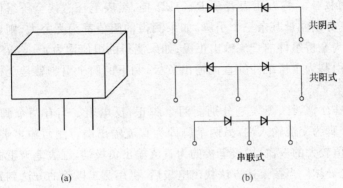

（a） （b）

图 5-3 常见半桥组件外形和内部结构图

（a）外形 （b）接线方式

问 7. 如何检测半桥组件？

独立式半桥组件测量和普通二极管相同,共阳、共阴极串联式半桥组件的测量方法如下。

用万用表 R×1～R×100 挡,将红、黑表笔分别任意测两只脚的正、反向阻值。在测量中,如有两个脚正、反均不通,则为共阴或共阳极结构,不通的两脚为边脚,另一个则为共电极。用红表笔接共电极,黑表笔测量两边脚,如阻值较小,则为共阴极组合;如果黑表笔接共电极,红表笔测两边脚,如阻值较小,则为共阳极组合。如在测量中,各引脚之间均有一次通,并且有一次阻值非常大(约相当于两只管的正向电阻值),说明此时表笔所接为串联式半桥,且黑表笔为正极,红表笔为负极,剩下的一个为中间脚,找到各电极后,再按测普通二极管方法检测各二极管的正、反向阻值,如不符合单向导电特性,则说明半桥已损坏。

问 8. 二极管全桥有哪些特点？

全桥是四只整流二极管按一定规律连接的组合器件,具有 2 个交流输入端(～)和直流正(＋)、直流负(－)极输出端,有多种外形及多种电压、电流、功率等规格,图5-4 所示为二极管全桥的结构、符号及外形。全桥整流堆的文字符号常见为 UR。

（a） （b）

图 5-4 为二极管全桥的结构、符号及外形

（a）结构符号 （b）外形

问 9. 如何检测维修整流全桥?

(1)判别极性　将万用表置于 R×1kΩ 挡,黑表笔任意接全桥组件的某个引脚,用红表笔分别测量其余三个引脚,如果测得的阻值都为无穷大,则此时黑表笔所接的引脚为全桥组件的直流输出正极;如果测得的阻值均为 4~10kΩ,则此时黑表笔所接的引脚为全桥组件的直流输出负极,剩下的两个引脚就是全桥组件的交流输入端。

用 R×1kΩ 挡,红、黑表笔分别测两个脚正、反电阻。当有两个脚正、反不通时,则这两个脚为交流输入端,另两个脚即为直流输出端。测两输出端正反电阻,表针摆动阻值较大的一次,黑表笔接的为直流输出负极端,红表笔为正极端。

(2)判定好坏　当按上述方法找出电极后,再用测二极管的方法判别每只二极管的正、反电阻。如正向阻值小,反向阻值无穷大,则为正常,否则损坏。

注意:对于二极管的直流输出正为二极管的负极,直流输出负为二极管的正极。

(3)全桥、半桥组件维修

经过检测,如果确认全桥、半桥组件中某个二极管的管 PN 结烧断损坏,可采用下述方法检测。

①外接二极管法。全桥、半桥组件中的二极管断路损坏,可在全桥、半桥组件的外部脚间跨接一只二极管将其修复。要求所接二极管的耐压、最大整流电流与全桥组件的耐压、整流电流要一致,且正、反向电阻值尽可能与全桥组件其余几个完好的二极管相同,同时注意极性不能接反,图 5-5 所示为损坏的全桥、半桥的外接二极管修复法。

②电路利用法。如果全桥组件中的一组串联组完好,可用于半桥式全波整流电路中。

问 10. 什么是肖特基二极管? 如何检测?

肖特基(Schottky)二极管是一种低功耗、大电流、超高速半导体器件,反向恢复时间 t_{rr} 可小到几个纳秒,正向导通压降仅 0.1~0.5V,整流电流可达到几千安。

图 5-6 所示为肖特基二极管的内部结构。

它以 N 型半导体为基片,在上面形成用砷作掺杂剂的 N—外延层。阳极(阻挡层)金属材料是铝。二氧化硅(SiO_2)用来消除边缘区域的电场,提高管子的耐压值。N 型基片掺杂浓度比 N—层高 100 倍,具有很小的通态电阻。基片下部的 N+阴极层用以减小阴极的接触电阻。通过调整结构参数,可在基片与阳极金属之间形成合适的肖特基势垒。

肖特基二极管的检测如下。

图 5-7 所示为肖特基二极管外形及结构图。

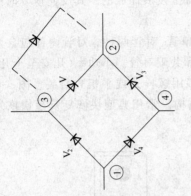

图 5-5 损坏的全桥、半桥的外接二极管修复法

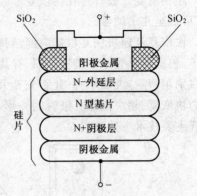

图 5-6 肖特基二极管的内部结构

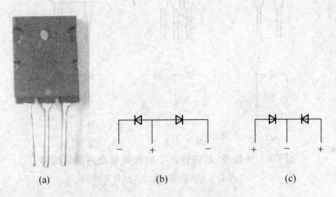

图 5-7 肖特基二极管外形及结构

(a)外形 (b)共阳极结构 (c)共阴极结构

由肖特基二极管结构可知,与半桥的结构相同,所以测量方法同半桥组件。用数字表测量时,其正向内阻电压应为 0.5V 以内,均低于普通二极管。

问 11. 什么是快恢复及超快恢复二极管?

快恢复二极管(FRD)、超快恢复二极管(SRD)是一种新型电力、电子半导体器件。它具有开关特性好、反向恢复时间短、正向电流大、体积较小等特点。可用作高频、大电流整流电路,在各类开关电源、不间断电源(UPS)、高频加热、交流电动机变频调速等电子设备中得到了广泛的应用。

问 12. 快恢复、超快恢复二极管的参数有哪些?

(1)反向时间 t_{rr} 电流流过零点由正向转换成反向,再由反向转换到规定的值 I_{rr} 时的时间间隔。它是衡量高频续流、整流器件性能的重要技术参数。

(2)快恢复二极管的反向恢复时间 t_{rr} 值一般为几百纳秒,正向压降约 0.6V,正向电流达几安至几千安,反向峰值电压为几百到几千伏。

　　超快恢复二极管是在快恢复二极管的基础上发展而成的。其反向恢复时间更短,可低至几十纳秒。

　　快恢复及超快恢复根据内部结构可分为单管、对管两种。对管内部包含两只管子,根据两只管子的接法不同,有共阴对管和共阳对管。小功率(几安至十几安)管多采用塑封,大功率管(几百安至几千安)多用螺栓式或平板式封装。图 5-8 所示为快恢复、超快恢复二极管的外形及内部结构。常用典型快恢复及超快恢复二极管主要技术参数见表 5-2。

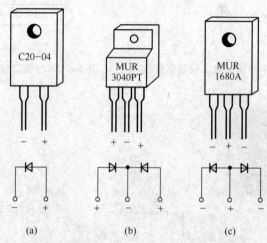

图 5-8　快恢复、超快恢复二极管外形及内部结构图

(a) 单管　(b)共阴对管　(c)共阳对管

表 5-2　常用典型快恢复及超快恢复二极管主要技术参数

参数 型号	反向恢复 时间(ns)	平均整流 电流 I_d(A)	最大瞬时 电流 IFSM(A)	反向峰值 电压 VRM(V)	结构形式
C20-04	400	5	70	400	单管
C91-02	35	10	20	200	共阴
MUR1680A	35	16	100	800	共阳
MUR3040PT	35	30	300	400	共阴
MUR30100	35	30	400	1000	共阳

问 13. 怎样检测快恢复、超快恢复二极管?

　　用万用表测快恢复、超快恢复二极管的方法基本与检测塑封硅整流二极管的方法相同。一般正向电阻小,反向电阻仍为无穷大。用数字表检测时,可显示正向导通电压值 0.1~0.5V,反向无穷大。

　　关于判定管子是属于共阴型还是共阳型结构,同半桥组件的检测方法。

问 14. 什么是稳压二极管？

稳压二极管实质上是一种特殊二极管,利用反向击穿特性实现稳压,所以又称其为齐纳二极管。

由图 5-9 所示的稳压二极管的伏安特性曲线可知,稳压二极管是利用 PN 结反向击穿后,其端电压在一定范围内基本保持不变的原理实现稳压的。只要使反向电流不超过其最大工作电流 I_{ZM},则稳压二极管不会损坏。

图 5-10 所示是常用稳压二极管的外形及通用电路符号。

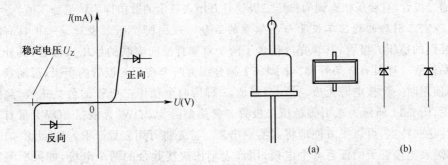

图 5-9　稳压二极管的伏安特性曲线　　图 5-10　常用稳压二极管的外形及通用电路符号

(a)外形　(b)符号

问 15. 稳压二极管有哪些主要参数？

(1)稳定电压及稳压值 V_Z　稳定电压是指正常工作时,两端保持不变的电压值。不同型号有不同稳压值。

(2)稳定电流 I_Z　稳定电流是指稳压范围内的正常工作电流。

(3)最大稳定电流 I_M　最大稳定电流是指允许长期通过的最大电流。实际工作电流应小于 I_M 值,否则稳压管易烧坏。

(4)最大允许耗散功率 P_M　最大允许耗散功率指反向电流通过稳压管时,管子本身消耗功率最大允许值。

问 16. 稳压二极管如何检测？

(1)判断电极　与判断普通二极管电极的方法基本相同。即用万用表 R×1kΩ～R×10kΩ 挡,先将红、黑表笔任意接稳压管的两端,测出一个电阻值,然后交换表笔再测出一个阻值,两次测得的阻值应该是一大一小,阻值较小的一次,即为正向接法,此时,黑表笔所接一端为稳压二极管的正极,红表笔所接的一端为负极。

(2)稳压二极管与普通二极管的区分　常用稳压二极管的外形与普通小功率整流二极管的外形基本相似。当其壳体上的型号标记清楚时,可根据型号加以鉴别。当其型号标志脱落时,可使用万用表电阻挡很准确地将稳压二极管与普通整流二极管区别开来。

①低稳压二极管。首先利用万用表 R×1kΩ 挡,按前述方法把被测管的正、负电极判断出来。然后将万用表拨至 R×10kΩ 挡上,黑表笔接被测管的负极,红表笔接被测管的正极,若此时测得的反向电阻值比用 R×1kΩ 挡测量的反向电阻小很多,说明被测管为稳压管;反之,如果测得的反向电阻值仍很大,说明该管为整流二极管或检波二极管。

②高稳压二极管。高稳压二极管无法用万用表直接判断,应接入图 5-12 所示电路,如调可变电阻 W,电压表表针随可变电阻 W 变化而发生变化,没有稳定状态则为普通二极管,有稳压状态则为稳压二极管且万用表显示的数值即为该管稳压值。

(3)三引脚的稳压二极管与晶体管的区分　三引脚稳压二极管是一种具有温度补偿的稳压二极管,其管壳内包含了两个背靠背反向串联的稳压二极管;其外形与晶体管一样具有 3 条管脚。1 脚和 2 脚分别为两个稳压二极管的负极,可随意互换,使用时一个接电源正极,另一个接地,3 脚为两个稳压二极管的公共正极,悬空不用,图 5-11 所示为三引脚稳压二极管。常用型号为 2DW7。根据 2DW7 具有对称性这一特点,可以很方便地将其鉴别出来。首先将万用表置于 R×10 或 R×100挡,黑表笔接管子的任意一个电极,用红表笔依次接其余的两个电极,如果所测得的电阻值均为几百欧且比较对称,则可初步断定被测管为稳压二极管,且黑表笔所接的为中心引脚 3;然后再将万用表置于 R×10kΩ 挡,红表笔接 3 脚,黑表笔依次接触其余两个电极,若阻值均很小且比较对称,可进一步证明该管为稳压二极管。反之,若用 R×10 或 R×100 测出 1、2 脚对 3 脚虽有较小的正向电阻,但很不对称,且用 R×10k 挡反复测量也无击穿(阻值变小)的现象,则说明被测管为晶体管。三引脚稳压二极管主要应用于对温度稳定度要求较高的精密稳压电路中。

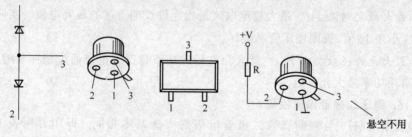

图 5-11　三引脚稳压二极管

(4)稳压值判断

①直接识读稳压值。在一些小型稳压二极管中,一般上面标的数字值就表示稳压值,单位为伏特(V)。例如:7V5,表示稳压值为 7.5V。但是多数稳压二极管不能用此法,如型号为 2CW55,表示稳压值为 8V 左右,此类管需要查晶体管参数手册才能知道。

②用万用表测量稳压值。稳压值在 15V 以下的稳压二极管,可以用万用表"R

×10kΩ"挡(内含 15V 高压电池)测量其稳压值。读数时,刻度线最左端为 15V,最右端为 0V。也可用万用表 50V (某些表可用 10V)挡刻度来读数,并代入以下公式求出:稳压值为(50-X)/50×15V。式中,X 为 50V 挡刻度线上的读数。该方法可以准确判断 15V 以下的稳压二极管值。

③利用外加电压法判别稳压值。图 5-12 所示为外加电压判断稳压值,改变 W 中的位置,开始时有变化,当 V 无变化时,指示的电压值即为稳压二极管稳压值。由于 R1、R2 串在交流电路中,不会有电击危险,电源也可以用"MΩ"表代用。

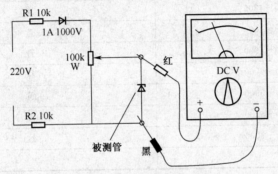

图 5-12 外加电压判断稳压值

(5)稳压二极管检测代换 稳压二极管损坏后很难修理,只能代换。用同型号或稳压值相同的其他型号代换,也可用普通二极管串联正向导通电压方法代用。

问 17. 发光二极管具有哪些特性?

发光二极管与普通二极管一样具有单向导电性,当有正向电流通过 PN 结时,PN 结便会发光。它们广泛应用在显示、指示、遥控和通信领域。

常见的发光二极管有:塑封 LED、金属外壳 LED、圆形 LED、方形 LED、异形 LED、变色 LED 以及 LED 数码管等。

问 18. 普通发光二极管的参数有哪些?

(1)单色发光二极管的结构、性能 单色发光二极管(LED)是一种电致发光的半导体器件,图 5-13 所示为单色发光二极管的电路符号和内部结构。它与普通

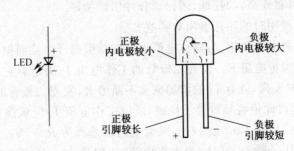

图 5-13 单色发光二极管的电路符号和内部结构

二极管的相似点是也具有单向导电特性。将发光二极管正向接入电路时才导通发光,反向接入电路时则截止不发光。发光二极管与普通二极管的根本区别是前者能将电能转换成光能,且管压降比普通二极管要大。

　　单色发光二极管的材料不同,可产生不同颜色的光。表 5-3 列出了波长与颜色的对应关系。

表 5-3　　波长与颜色的关系

发光波长(A)	发光颜色
3300~4300	紫
4300~4600	蓝
4600~4900	青
4900~5700	绿
5700~5900	黄
5900~6500	橙
6500~7600	红

　　(2) 单色发光二极管的特点与参数

　　发光二极管的主要参数有最大电流 I_{FM} 和最大反向电压 U_{RM}。使用中不得超过该两项数值,否则会使发光二极管损坏。

　　发光二极管的特点如下。

　　①能在低电压下工作,适用于低压小型化电路。例如:常用的红色发光二极管的正向工作电压 V_F 的典型值为 2V;绿色发光二极管的正向工作电压 V_F 的典型值为 2.3V。

　　②有较小的电流即可得到高亮度,随着电流的增大亮度趋于增强。亮度可根据工作电流大小在较大范围内变化,但发光波长几乎不变。

　　③所需驱功显示电路简单,用集成电路或晶体管均可直接驱动。

　　④发光响应速度快,为 10~7s 或 10~8s。

　　⑤体积小,可靠性高,功耗低,耐振动和冲击性能好。

　　普通发光管使用时的注意事项有哪些?

　　首先应防止过电流使用,为防止电源电压波动引起过电流而损坏管子,使用时应在电路中串接保护电阻 R。发光二极管的工作电流 I_F 决定着它的发光亮度,一般当 $I_F=1mA$ 时发光,随着 I_F 的增加亮度不断增大,发光二极管的极限 I_{FM} 一般为 20~30mA,超过此值将导致管子烧毁,所以工作电流 I_F 应该选在 5~20mA 范围内较为合适。一般选 10mA 左右。限流电阻值选择为 $R=(V_{CC}-V_F)/I_F$,V_F 为发光管起始电压一般为 2V,I_F 为工作电流,一般选 10mA;其次焊接速度要快,温度不能过高。焊接点要远离管子的树脂根部,勿使管子受力。

问 19. 什么是超高亮度发光二极管?

普通的 LED 发光强度从几个 mcd 到几十个 mcd;超高亮度的 LED 发展到几百个 mcd 到上千个 mcd 甚至可达上万个 mcd。超高亮度 LED 可用于内部或外部的照明、制作户外大型显示屏(车站广场或运动场)、仪器面板指示灯、汽车高置刹车灯(由于亮度大,可视距离远,可增加行车安全性)、交通信号灯及交通标志(如红绿灯、高速公路交通标志等)、广告牌及指示牌、公交车站报站牌等。

新型超高亮度发光二极管常用的型号为 TLC-58 系列,封装尺寸与一般 Φ5LED 基本相同,长引脚为阳极,短引脚为阴极。该系列有四种发光颜色,分别为红、黄、纯绿和蓝,其型号依次为 TLCR58、TLCY58、TLCTG58 及 TLCB58。该系列是直径为 Φ5、无漫射透明树脂封装。关键技术是在 GaAs 上加入 AllnGaP(红色及黄色 LED)及在 SiC 上加入 InGaN(纯绿色及蓝色 LED)。非常小的发射角 $\pm 4°$ 提供了超高的亮度。另外,它能抗静电放电:材料 AllnGaP 为 2kV,材料 InGaN 为 1kV。

新型超高亮度发光二极管极限参数如下:

TLCR58 及 TLCY58 的主要极限参数:反向电压 $V_R = 5V$;正向电流 $I_F = 50mA$($T_{amb} \leqslant 85℃$);正向浪涌电流 $I_{FSM} = 1A$($t_P \leqslant 10\mu s$);功耗 $P_V = 135mW$($T_{amb} \leqslant 85℃$);结温 125℃;工作温度范围 $-40℃ \sim +100℃$。

TLCTG58 及 TLCB58 的主要极限参数:反向电压 $V_R = 5V$;正向电流 $I_F = 30mA$($T_{amb} \leqslant 60℃$);正向浪涌电流 $I_{FSM} = 0.1A$($t_P \leqslant 10\mu s$);功耗 $P_V = 135mW$($T_{amb} \leqslant 60℃$);结温 100℃;工作温度范围 $-40℃ \sim +100℃$。

LED 的允许最大功耗 P_V 与环境温度有关,LED 的允许正向电流 I_F 也与环境温度有关。例如:红色 LED 在 $T \leqslant 85℃$ 时允许的最大功耗为 135mW,在 100℃ 时则减小到 80mW;在 $T \leqslant 85℃$ 时其正向电流可达 50mA,但在 100℃ 时减为 30mA。

需要注意的是,一般 LED 的工作电流为 2/3 最大工作电流,即红色、黄色 LED 取其工作电流在 15~35mA 之间,而纯绿色、蓝色 LED 其工作电流在 15~20mA 之间。

为了安全地工作,在 LED 电路中必须串联限流电阻 R,限流电阻同样可按 $R = (V_{CC} - V_F \times n)/IF$ 计算。V_{CC} 为电源电压;V_F 为 LED 的正向电压,对红、黄色 LED,V_F 取 2.1V,对纯绿、蓝色 LED,V_F 取 3.9V;n 为串联的 LED 数;I_F 为 LED 的正向电流,一般取 10~20mA。例如:$V_{CC} = 12V$,串联 5 只红色 LED,$I_F = 15mA$,限流电阻 $R = (8V - 2.1V \times 5)/15mA = 100\Omega$ 可取 $R = 100\Omega$。计算时如有小数,应取整数或近似值。

问 20. 如何检测维修发光二极管?

(1)判定正、负极及其好坏

①直接观察法。发光二极管的管体一般都是用透明塑料制成的,从侧面仔细观察两条引出线在管体内的形状,较小的便是正极,较大的一端则是负极。

②万用表测量法。必须使用 R×10kΩ 挡。因为发光二极管的管压降为 2V 左右,高亮度管高达 5~6V 左右,而万用表"R×1kΩ"及其以下各电阻挡表内电池仅为 1.5V,低于管压降,不管是正向接入还是反向接入,发光二极管都不可能导通,也就无法检测。R×10kΩ 挡时表内接有 15V(有些万用表为 9V)高压电池压降,所以可以用来检测发光二极管。

图 5-14 所示为发光二极管的检测,将万用表黑表笔(表内电池正极)接 LED 正极,红表笔(表内电池负极)接 LED 负极,测其正向电阻。表针应偏转过半,同时 LED 中有一发亮光点。对调两表笔后测其反向电阻,应为∞,LED 不发光。如果正向接入或是反向接入,表针都偏到头或都不动,则该发光二极管已损坏。

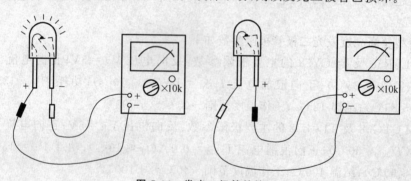

图 5-14 发光二极管的检测

(2)维修

发光二极管的修理时,实践证明,有些发光二极管损坏后是可以修复的。具体方法是:用导线通过限流电阻将待修的无光或光暗的发光二极管接到电源上,左手持尖嘴钳夹住发光二极管正极引脚的中部,右手持烧热的电烙铁在发光二极管正极引脚的根部加热,待引脚根部的塑料开始软化时,右手稍用力把管脚往内压,并注意观察效果。对于不亮的发光二极管,可以看到开始发光;适当控制电烙铁加热的时间及对管子引脚所施加力的大小,可以使发光二极管的发光强度恢复到接近同类正品管的水平。如仍不能发光,则管子损坏。

问 21. 什么是 LED 发光排管?

LED 发光排管是由多只发光二极管组合在一起构成的。多用于收音机和音响设备的音频电平指示。LED 发光排管的显示位数一般分为 5 位、6 位、7 位和 10 位等。其结构基本可分为两种类型,一类为各个发光二极管相互独立安装在显示器的支架上;另一类为共电极式,此类显示器是按共阳极或共阴极方式连接组合而成,发光二极管的阳极或阴极在显示器内部连接在一起后,再由管脚引出。图5-15是 LED 发光排管的外形和内部结构图。

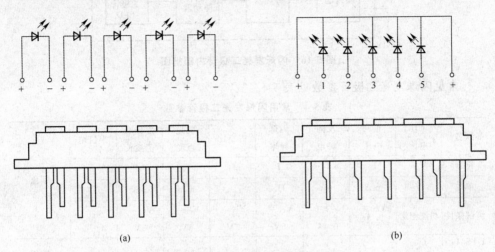

图 5-15　LED 发光排管外形和内部结构

(a)独立二极管式　(b)共电极式

问 22. 怎样检测 LED 发光排管?

用万用表检测 LED 发光排管,主要是检查各个发光二极管是否良好。可根据其结构,采用不同的方法进行测试。

(1)检测分立式 LED 发光排管　将万用表置于 $R \times 10k\Omega$ 挡进行正、反向测量,当发光时,红表笔接发光二极管的负极,黑表笔接发光二极管的正极,且万用表指针应大幅度摆动;不发光时为反向阻值,应为无穷大。哪只不发光为哪只坏。还可直接用电池检测。即使用 3V 电池串一只小电阻,测量时应能见到发光。

(2)检测共电极式 LED 发光排管　检测共电极式 LED 发光排管的方法与检测分立式的方法基本相同。对于共阴极,用红表笔接阴极,黑表笔依次测量各阳极引脚。正常时,每只管都应发光。共阳极相反。若有不发光者,即可判定为损坏件。对于一些引脚极性不明的显示器,也可采用上述方法很方便地判别出其结构类型和管脚排列顺序。

问 23. 什么是闪烁发光二极管(BTS)?

闪烁发光二极管是由一块 CMOS 集成电路(IC)和一只发光二极管相连封装而成,图 5-16 所示为闪烁发光二极管内部框图。CMOS 集成电路内部包括振荡器、分频器和缓冲驱动器。当接通 3~5V 直流电源 V_{DD} 以后,振荡器即起振,产生一个高频振荡信号,经分频器得到一个低频信号(几赫兹)。再经驱动器驱动,使发光二极管闪烁发光。颜色有红、橙、黄、绿四种。

图 5-16　闪烁发光二极管内部框图

常见闪烁发光二极管参数见表 5-4。

表 5-4　常用闪烁发光二极管参数

参数名称	工作电压	正向电压	反向漏电	闪烁频率	占空比	发光强度	发光峰值波长	半值角	颜色
符号	V_{CC}	I_F	I_S	f	D	I_V	AP		
单位	V	mA	pA	Hz	%	mcd	nm	(°)	
测试条件	功能正常	$V_{CC}=$ 5V	$V_{CC}=$ 0.4V	$V_{CC}=$ 5V	$V_{CC}=$ 5V	$V_{CC}=$ 5V	$V_{CC}=$ 5V	0	
BTS3140 58						≥0.5	700		红色
BTS3240 58						≥1	680		橙色
BTS3340 58	4.75~ 5.25	7~40	≤50	1.2~5.2	32~67	≥1	585	±40	黄色
BTS3440 58						≥1	565		绿色

使用闪烁发光二极管注意事项：不允许加过电压使用。通常闪烁发光二极管的最佳工作电压为 3~6V。使用时要分清管子的正、负极性，不得接反。一般管脚长的为正极。焊接时，焊接温度不宜过高，引脚根部不允许弯曲，且焊点要远离管子本体。

问 24.　如何检测闪烁发光二极管？

（1）判定正、负电极　检测时将万用表置于 R×10kΩ 挡，交换表笔两次接触闪烁发光二极管的两个引脚，其中一次，指针先向右摆动一个角度，然后在此位置上开始抖动（振荡）。这种现象是由于闪烁发光二极管内部的集成电路在万用表内部 15V 电池电压的作用下开始起振工作，输出的脉冲电流使指针产生的抖动，并可以看到二极管闪烁发光，此时黑表笔所接的引脚为正极，红表笔所接的引脚为负极。也可以不用万用表，直接接 3~6V 电源，闪耀发光时电池正极接的为二极管的正极。在上述测试过程中，如无闪耀现象则说明闪烁发光二极管以损坏。

（2）检测闪烁现象及频率　将万用表置于 R×10kΩ 挡，黑表笔接闪烁发光二极管的正极，然后红表笔接负极，此时管子应正常闪烁发光。用一块电子表计时，根据万用表指针摆动次数可求出闪烁频率 f。设万用表指针在时间 t 内摆动 N 次,则被测闪烁发光二极管的闪烁频率为:

$$f = N/T$$

式中,f 为闪烁频率,单位为 Hz;N 为万用表指针摆动次数;T 为时间,单位为 s。

检测时也可以不用万用表,直接接 3~6V 电源,观察 T 时间内闪烁次数,再按上式估测出频率效率。

问 25. 什么是变色发光二极管?

变色发光二极管能变换发光颜色,因此可用于不同状态指示。

图 5-17 所示为变色发光二极管内部结构、外形及工作原理图,两种发光颜色(通常为红、绿色)的管芯负极连接在一起,3 个管脚中,左右两边的管脚分别为红、绿色 LED 的正极,中间的管脚为公共负极。

工作原理:当工作电压为 1 正 2 负时,电流 Ia 通过 VD$_1$ 使其发红光。当工作电压为 2 负 3 正时,电流 I$_b$ 通过 VD$_2$ 使其发绿光。若同时给两只 LED 加电压,则管子就发出复合光(橙光),如 Ia 与 I$_b$ 的比例不同时,LED 发光颜色按比例在红—橙—绿之间变化,见图 5-17b。

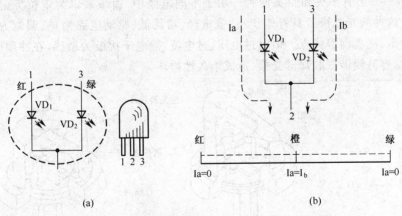

图 5-17 变色发光二极管内部结构、外形及工作原理
(a)内部结构、外形 (b)工作原理

问 26. 怎样检测变色发光二极管?

图 5-18 所示为变色发光二极管检测电路,将万用表置于 R×10kΩ 挡,任接两引脚,当表针摆动且发任意光时,则红表笔接为公共电极。

①将红表笔接公共电极,黑表笔接任一电极,管子发出红色光,则黑表笔接的为红色(R)。

②如管子发出绿色光,则黑表笔接的为绿色(G)。

③将黑表笔同时接到红色（R）和绿色
（G）上，管子应发出橙色复合光。

在上述检测过程中，若发现某只发光二
极管不亮，则表明其已经损坏。这样的管子
是不能再作为变色发光二极管使用的。但
未损坏的 LED 作为单色发光二极管仍可视
情况加以利用。

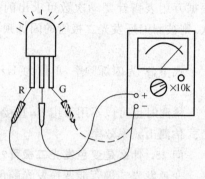

问 27. 什么是激光二极管？

半导体激光二极管工作时发出红光，波
长约 600nm，用于激光教鞭、条形码阅读器、
激光打印机，CD 及 VCD 机等电路中。

图 5-18　变色发光二极管检测电路

半导体激光二极管是激光头中的核心器件，广泛应用于激光唱机（CD）和激光
影碟机中。图 5-19 所示是常见激光二极管的符号和内部结构。由图可见，内部有
两只二极管。LD 为激光发射管，PD 为光功率检测管，可利用负反馈电路自动控制
激光二极管功率。共阴极最常用。激光二极管大多是双质结构的镓铝砷三元化合
物半导体激光二极管。它是一种近红外激光管，波长在 780nm 左右，额定功率为 3
～5mW。外形有平头和斜头两种。用于不同电路中，边缘缺口为定位标记，以免
装错。这种激光二极管具有体积小、重量轻、功耗低、驱动电路简单、调制方便、耐
机械冲击、抗震动等优点。但对过电压、过电流、静电干扰极为敏感，在使用中如不
加注意，容易使谐振腔局部受损，造成永久性损坏。

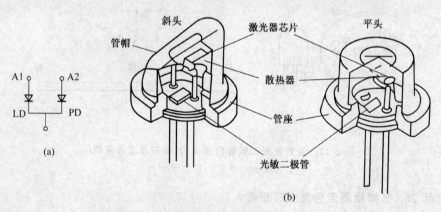

图 5-19　常见激光二极管的符号和内部结构

(a)符号　(b)斜头与平头型内部结构

问 28. 怎样检测激光二极管？

（1）判定管脚的排列顺序　万用表置于 R×1kΩ 挡，按照检测普通二极管正、

反向电阻的方法,即可将激光二极管的管脚排列顺序确定。既激光二极管 LD 的正向压降比普通二极管要大,所以正向电阻大,万用表指针仅略微向右偏转,而反向电阻则为无穷大。PD 二极管的正向压降要小,所以正向电阻小,万用表指针向右偏转大,而反向电阻也应为无穷大。

(2) 激光二极管判别方法

①测量 PD 反向电阻,给二极管 LD 加电压,PD 电阻应明显减小,说明 LD、PD 均是好的。

②给二极管 LD 加可调电压,在 1.6V 时,发光较暗;在 2.8V 时,发光较强,并测此时电流。如在 35～60mA,光很强,则为好的,弱则不良,不发光为坏。

③用光盘观察,不装光盘,拆开后盖,观察物镜在访问期间有无暗红色光点,有为好,无为坏。

④用专用激光功率探测器,直接对镜面进行检测,一般功率小于 0.1mW 时,则老化。

⑤用数字万用表监测驱动电路中负载电阻上压降,再计算出电流。当电流超过 100mA 时,调光功率控制电位器,电流变化很小,则坏;如电流过大或过小,为击穿或开路。

⑥拆下激光二极管,测正、反向电阻。正常时,反向为 ∞,正向为 20～30kΩ。若大于 75kΩ,则特性不良;大于 90kΩ 则不能用(此方法适用于挑选激光二极管)。

问 29. 什么是红外线发光二极管?

常见的红外线发光二极管(简称红外发光二极管)有深蓝与透明两种,外形与普通发光二极管相似,图 5-20 所示为红外线发光二极管外形结构及符号图。

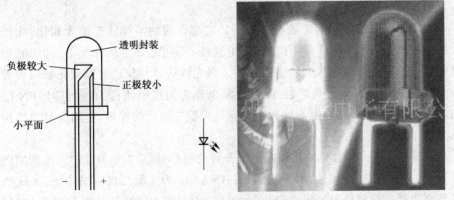

图 5-20　红外线发光二极管外形结构及符号

因红外线发光二极管通常采用透明的塑料封装,所以管壳内的电极清晰可见;内部电极较宽大的为负极,较窄小的为正极。全塑封装的红外线发光二极管(Φ3

或 Φ5 型)其侧向呈一小平面,靠近小平面的引脚为负极,另一引脚为正极。

红外线发光二极管工作在正向电压下,工作电压约 1.4V,工作电流一般小于 20mA。应用时电路中应串有限流电阻。

为了增加红外线的距离,红外线发光二极管通常工作于脉冲状态。用红外线发光二极管发射红外线去控制受控装置时,受控装置中均有相应的红外光—电转换器件,如红外接收二极管、光敏晶体管等。实用中通常采用红外发射和接收配对的光敏二极管。

红外线发射与接收的方式有两种:一是直射式;二是反射式。直射式指发光管发射的光直接照射接收管;反射式指发光管和接收管并列一起,发光管发出的红外光遇到反射物时,接收管收到反射回来的红外线才工作。

问 30. 怎样检测红外线发光二极管?

检测红外线发光二极管时,采用指针式万用表与采用数字式万用表的测量方式有很大的区别:将指针式万用表置于 R×1 kΩ 挡,黑表笔接正极、红表笔接负极时的电阻值(正向电阻)应在 20～40kΩ(普通发光二极管在 200kΩ 以上),黑表笔接负极、红表笔接正极时的电阻值(反射电阻)应在 500kΩ 以上(普通发光二极管接近∞)。要求反射电阻越大越好。反射电阻越大,说明漏电流越小,管子的质量越佳。若反射电阻只有几十千欧,这样的管子是不能使用的。如果正、反向电阻值都是无穷大或都是零,则说明被测红外线发光二极内部已经断路或已经击穿损坏。用数字万用表测量时将挡位置于二极管挡,黑表笔接负极、红表笔接正极时的压降值应为 0.96～1.56V,正向压降越小越好,即管子的起始电压低。对调表笔后,屏幕显示的数字应为溢出符号"OL"或"1"。

问 31. 什么是光敏二极管?

光敏二极管是常用的光敏器件之一。它与普通的半导体二极管相比,相似之处是管心都是一个 PN 结,具有单向导电性能;不同之处是从外形上看时,光敏二极管管壳上有一个能射入光线的"窗口"。当光线透过"窗口"照射到光敏二极管管心上时,PN 结反向漏电流增大,此时的漏电流称为光电流;无光照射时,PN 结反向漏电流很小,此时的漏电流称为暗电流。光敏二极管的外形、电路符号及结构如图 5-21 所示。

图 5-21a 所示为常见的几种光敏二极管的外形;图 5-21b 为光敏二极管的电路符号,其文字符号(即代号)用 VDP 表示;图 5-21c 为光敏二极管结构图,光线经有机玻璃透镜(即"窗口")聚焦,照射到管心上,引起管心 PN 结的阻值变化,接到相应电路上,即会产生光电流。

光敏二极管主要参数如下。

(1) 最高工作电压 Vmax　最高工作电压是指在没有光线照射且反向电流不

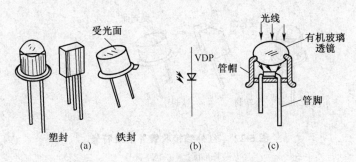

图 5-21　光敏二极管外形、电路符号结构

(a)外形图　(b)电路符号　(c)结构图

超过规定值(一般为 $0.1\mu A$)的情况下,允许加在光敏二极管上的反向电压值,此值通常在 $10\sim 50V$ 范围内。

(2)暗电流 I_D　暗电流是指在无光线照射的情况下,给光敏二极管加上正常的工作电压时的反向漏电流,要求此值越小越好,一般$<0.5\mu A$。

(3)光电流 I_L　光电流是指在加有正常反向工作电压的情况下,当受到一定光线照射时,光敏二极管中所流过的电流约为几十微安。

问 32．怎样检测光敏二极管?

(1)管脚的识别　将万用表拨至 $R\times 1k\Omega$ 挡,先用一黑纸片遮住光敏二极管的透明窗口,将万用表红、黑表笔分别接触光敏二极管的两个电极,如果万用表指针向右偏转较大,则黑表笔所接电极为 P 极(正极),红表笔所接的电极为 N 极(负极)。

(2)判断好坏　由前述可知,管子正向电阻较小(为 $10\sim 20k\Omega$),反向电阻较大(无穷大)。若正、反向电阻值都很小或很大,则说明光敏二极管已经击穿或内部开路,管子已不能使用。

将万用表置于 $R\times 1k\Omega$ 挡,红表笔接 P 极(正极),移去遮光黑纸片,使光敏二极管的透明窗口朝向光源(如自然光、白炽灯或手电筒),万用表指针应从无穷大位置向右明显偏转,偏转角度越大,说明光敏二极管的灵敏度越高。若将管子对准光源后,万用表指针无任何摆动,则表明被测光敏二极管已经损坏。

用数字表测量时,使用二极管挡,将对应电极插入表插孔。在有光和无光时,万用表的显示导通电压值应变化,证明为好,不变则为坏。

问 33．什么是红外线接收管?

红外线接收管是用来接收红外线发光二极管产生的红外线光波,并将其转换为电信号的一种半导体器件。

红外线接收管通常采用黑色树脂封装(外观颜色呈黑色),以滤掉 700nm 以下波长的光线。为减少可见光对其工作产生干扰,常见的红外线接收管外形及符号如图 5-22 所示。

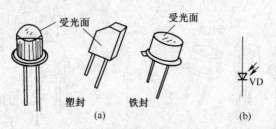

图 5-22　　红外线接收管外形及符号

(a)外形图　(b)电路符号

需要识别红外线接收管的引脚时,可以面对受光面观察,从左至右分别为正极和负极。另外,在红外线接收二极管的管体顶端有一个小斜切平面。通常带有此斜切平面一端的引脚为负极,另一端为正极。

问 34. 怎样检测红外线接收二极管?

(1)机械表检测红外线接收二极管

①判断电极与检测普通发光管或二极管正、反向电阻的方法相同。

②检测受光能力。将万用表置于直流 $50\mu A$ 挡(若所用万用表无 $50\mu A$ 挡,也可用 $0.1mA$ 或 $1mA$ 挡),两表笔接在红外线接收二极管的两引脚上,然后让被测管的受光面正对着太阳或灯泡,此时万用表指针应有摆动现象。根据红黑表笔的接法不同,万用表指针的摆动方向也有所不同。当红表笔接正极、黑表笔接负极时,指针向右摆动,且幅度越大则表明被测红外线接收二极管的性能越好;反之,指针向左摆动。如果接上表笔后,万用表指针不动,则说明管子性能不良或已经损坏。

除上述方法外,还可用遥控器配合万用表来完成。将万用表置于 $R\times 1k\Omega$ 挡,红表笔接被测红外线接收二极管的正极,黑表笔接负极。用一个好的彩色电视机遥控器正对着红外线接收二极管的受光窗口,距离为 $5\sim 10mm$。当按下遥控器按键时,若红外线接收二极管性能良好,阻值减小,被测管子的灵敏度越高,阻值会越小。用这种方法挑选性能优良的红外线接收二极管十分方便,且准确可靠。

(2)用数字万用表检测红外线接收二极管　将挡位置于二极管挡,黑表笔接负极、红表笔接正极时的压降值应为 $0.45\sim 0.65V$,对调表笔后屏幕显示的数字应为溢出符号"OL"或"1"。

问 35. 怎样检测红外线接收头?

红外线接收头是一种红外线接收电路模块,通常由红外线接收二极管与放大电路组成。放大电路通常又由一个集成块及若干电阻、电容等元件组成(包括放大、选频、解调几大部分电路),然后封装在一个电路模块(屏蔽盒)中。电路比较复杂,体积仅与一只中功率晶体管相当。

(1)红外线接收头的特点 红外线接收头具有体积小、密封性好、灵敏度高、价格低廉等优点,因此被广泛应用在各种控制电路以及家用电器中。它仅有三条管脚,分别是电源正极、电源负极(接地端)以及信号输出端,其工作电压在 5V 左右,只要给它接上电源即是一个完整的红外接收放大器,使用十分方便。常见的红外线接收头外形与引脚排列如图 5-23 所示。

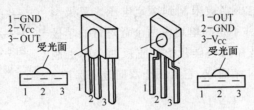

图 5-23 红外线接收头外形与引脚排列

(2)接收头

用遥控器检测:检测时将接收头接入图 5-24 所示电路中将接收头插入控制插脚,按动遥控器,发光二极管应有断续闪光,无闪光为坏。损坏后一般更换新元件。

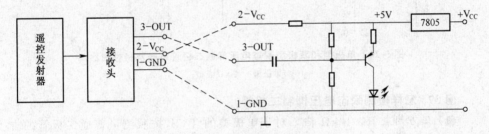

图 5-24 用遥控器检测接收头

注:此电路同时还可测发射器的好坏。

问 36. 什么是瞬态电压抑制二极管(TVS)?

瞬态电压抑制二极管是一种新型过压安全保护器件。具有体积小,峰值功率大,抗浪涌电压的能力强,击穿电压曲线好,双向电压对称性好,齐纳阻抗低,反向漏电流小,以及对脉冲的响应速度快等特点。用在被保护电路中,当遇到高能量瞬态浪涌电压时,它能迅速反向击穿,由高阻态变为低阻态,把电压钳位于规定值,当电压再增高时可快速击穿,从而使熔丝熔断保护仪器设备免遭损坏。

瞬态电压抑制二极管的内部结构及符号如图 5-25 所示。主要由芯片、引线电极、管体三部分组成。芯片是器件的核心,它是由半导体硅材料扩散而成的,有单极型和双极型两种结构。单极型只有一个 PN 结,广泛应用于各种仪器仪表、家用电器、自动控制系统及防雷装置的过压保护电路中。符号及特性曲线如图 5-26a

所示。双极型有两个 PN 结,符号及特性曲线如图
5-26b所示。瞬态电压抑制二极管是利用 PN 结的齐
纳击穿特性而工作的,每一个 PN 结都有其自身的反
向击穿电压 V_B,在额定电压内,电流不导通;当施加电
压高于额定电压时,PN 结则迅速进入击穿状态,有大
电流流过 PN 结,电压则被限制到额定电压。双极型
的芯片从结构上看并不是简单地由两个背对背的单极
芯片串联而成,而是在同一硅片上的正反两个面上制
作两个背对背的 PN 结而成,它可用于双向过压保护。

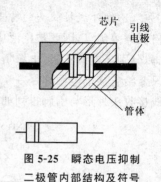

图 5-25　瞬态电压抑制
二极管内部结构及符号

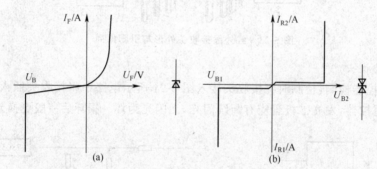

图 5-26　单极型和双极型瞬态电压抑制二极管符号及特性曲线

(a)单极型　(b)双极型

问 37. 怎样检测瞬态电压抑制二极管?

(1)用万用表 R×10kΩ 挡　对于单极型的 TVS,按照测量普通二极管的方
法,可测出其正、反向电阻,一般正向电阻为几千欧左右,反向电阻为无穷大;若测
得的正、反向电阻均为零或均为无穷大,则表明管子已经损坏。

对于双极型的 TVS,任意调换红、黑表笔测量其两引脚间的电阻值均应为无
穷大.否则,说明管子性能不良或已经损坏。需注意的是,用这种方法对于管子内
部断极或开路性故障是无法判断的。

(2)测量反向击穿电压 V_B 和最大反向
漏电流 I_R　图 5-27 所示为瞬态电压抑制二极
管测试电路。可调电源可用兆欧表提供测试
电压。电压表为直流 500V 电压挡,电流表为
直流 mA 电流挡。测试时,摇动兆欧表,观察
表的读数,Ⓥ 表指示的即为反向击穿电压 V_B,
Ⓐ 表指示的即为反向漏电流 I_R。(Ⓐ/Ⓥ 表可
用万用表代用)。

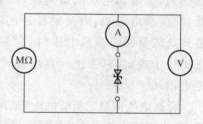

图 5-27　瞬态电压抑制
二极管测试电路

问 38. 什么是双向触发二极管?

双向触发二极管也称两端交流器件(DIAC),具有结构简单、价格低廉等优点。与双向晶闸管配合,可构成多种控制电路。

双向触发二极管的结构、电路符号、等效电路以及伏安特性如图 5-28 所示。

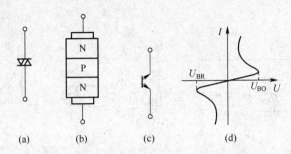

图 5-28 双向触发二极管的结构、电路符号、等效电路及伏安特性
(a)符号 (b)结构 (c)等效电路 (d)伏安特性

双向触发二极管属于三层二端半导体器件,当器件两端的电压 V 小于正向转折电压 V 时,管子呈高阻状态,当 $V > V_{BO}$ 时进入负阻区。同理,当 V 超过反向转折电压 V_{BR} 时,管子也能进入负阻区。转折电压的对称性用 $\triangle V_B$ 表示,$\triangle V_B = V_{BO} - |V_{BR}|$。一般要求 $\triangle V_B < 2V$。双向触发二极管的耐压值(V_{BO})大致分为三个等级:20~60V、100~150V、200~250V。

问 39. 如何检测双向触发二极管?

(1)用万用表检测 将万用表置于 R×1~R×10kΩ 挡,测量双向触发二极管正、反向电阻值,正常时,都应为无穷大(因为其正向转折电压和反向转折电压均大于 20V,即大于表内电池电压)。测量中,如万用表指针摆动,则被测管损坏不能应用。

(2)判断双向触发二极管转折电压 图 5-29 所示为双向触发二极管转折电压判断电路接线图,可用兆欧表代替电源将 DIAC 正反两级接入电路。

根据双向触发二极管的具体转折电压将万用表置于相应的电压挡,得到两个数值即一个 V_{BO},一个 V_{BR},后将 V_{BO} 与 V_{BR} 进行比较,两者的绝对值之差越小,说明被测双向触发二极管的对称性越好。在使用时,因为双向触发二极管的转折电压具有对称的特性,所以可从两次测得的数据中任选一个值确定为 V_{BO},则另一个即为 V_{BR}。

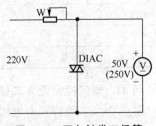

图 5-29 双向触发二极管转折电压判断电路接线图

问 40. 什么是变容二极管？

变容二极管是利用特殊材料制成，当给 PN 结加电压时，供电容量会发生变化，符号、等效电路、外形及特性曲线如图 5-30 所示，其中 C_j 为 PN 结电容，R_j 为 PN 结反向电阻，R_s 为半导体材料的电阻，L_s 和 C_s 分别为分布电感和电容。

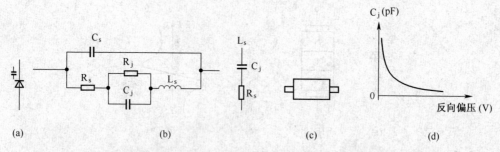

图 5-30　变容二极管符号、等效电路外形及特性曲线
（a）符号　（b）等效电路　（c）常见外形　（d）特性曲线

变容二极管的电压电流特性、内部结构与普通二极管相同，不同的是在一定的反偏电压下，变容二极管呈现较大的结电容，这个结电容 C_j 的容量能随所加的反向偏置电压的大小变化。反向电压越高，电容量越小；反向电压越小，电容量越大。变容二极管结电容 C_j 的容量随外加反向偏置电压变化的规律称为压容特性。

若将加有一定直流反向电压的变容二极管接入振荡器的回路中，使其结电容成为谐振回路电容的一部分即可通过调节电压控制振荡器的振荡频率。几种常用片状变容二极管的主要参数见表 5-5。

表 5-5　几种常用片状变容二极管的主要参数

型号	色标	极限参数		主要参数		
		VRM(V)	TM(℃)	Cj(pF)MIN	Cj(pF)MAX	Rs(Ω)max
ISV218	黄	30	125	32.10	37.10	0.8
ISV219	粉红	30	125	26.60	32.03	0.8
ISV220	橙	30	125	18.40	23.70	0.6
ISV221	蓝	30	125	4.00	16.35	0.6
ISV222	蓝	30	125	13.65	17.00	0.6

问 41. 如何检测变容二极管？

由于变容二极管正向电阻较大，所以将万用表置于 R×10kΩ 挡，红表笔接正极，黑表笔接负极，两引脚间的电阻值应为无穷大。如果在测量中，发现万用表指针向右有轻微摆动或阻值为零，说明被测变容二极管有漏电故障或已经击穿损坏。将表笔反接，即红表笔接负极、黑表笔接正极，所测阻值应在几百千欧左右。

对于变容二极管容量消失或内部的开路性故障,用万用表是无法检测判别的,应用替换法进行判断。

问 42. 什么是磁敏二极管?

磁敏二极管是一种新型的磁电转换器件。具有探测灵敏度高,体积小、响应快、无触点、输出功率大及线性特性好的优点。应广泛用于磁力探测、无触点开关、位移测量、转速测量及各种自动化设备上。

(1)磁敏二极管特性及原理

磁敏二极管的外形、符号如图 5-31 所示。其文字符号用 VDC 表示。较长的管脚为正极(P+区),较短的管脚为负极(N+区)。凸出面为磁敏感面。

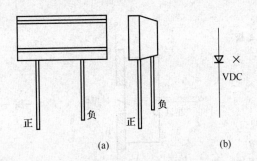

图 5-31 磁敏二极管外形、符号
（a)外形 （b)符号

磁敏二极管内部结构与普通二极管不同,当外界无磁场时,器件呈稳定状态。若外界加一正向磁场,则该管外部表现为电阻增大,电流减小,压降增大;反之,外界加反向磁场,则外部表现为电阻减小,电流增大,压降减小。

(2)磁敏二极管的参数

磁敏二极管的主要参数有:额定工作电压 V_0;工作电流 I_0;使用频率 f_0。例如:国产 2AGM—1A 管,其 $V_0=12V,2mA<I_0<215mA,f_0<10kHz$。

问 43. 如何检测磁敏二极管?

图 5-32 所示为磁敏二极管检测电路,此时电流表和电压表分别显示的为静态电流和电压。用一磁铁在磁敏二极管旁边摆动,此时电流表和电压表应摆动,说明磁敏二极管是好的(此法也为灵敏度检测法)。如不摆动,说明管子是坏的。

问 44. 什么是双基极二极管(单结晶体管)?

双基极二极管又称单结晶体管(UJT),是一种只有一个 PN 结的三端半导体器件。5-33 所示为双基极二极管的电路符号、内部结构及等效电路。

在一块高电阻率的 N 型硅片两端,制作两个欧姆接触电极(接触电阻非常小的、纯电阻接触电极),分别叫作第一基极 B_1 和第二基极 B_2;硅片的另一侧靠近第

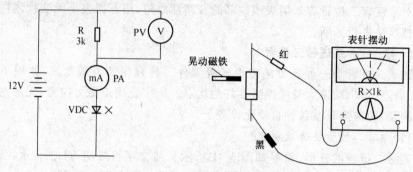

图 5-32　磁敏二极管的检测

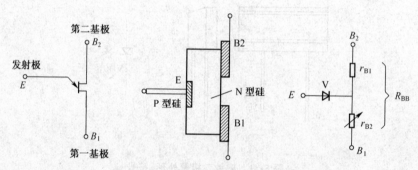

图 5-33　双基极二极管电路符号、内部结构及等效电路图

二基极 B_2 处制作了一个 PN 结,在 P 型半导体上引出的电极叫作发射极 E。为了便于分析双基极二极管的工作特性,通常把两个基极 B_1 和 B_2 之间的 N 型区域等效为一个纯电阻 R_{BB},称为基区电阻,它是双基极二极管的一个重要参数,国产双基极二极管的 R_{BB} 在 $2\sim10k\Omega$ 范围内。R_{BB} 又可看成是由两个电阻串联组成的,其中 R_{B1} 为基极 B_1 与发射极 E 之间的电阻,R_{B2} 为基极 B_2 与发射极 E 之间的电阻。在正常工作时,R_{B1} 的阻值是随发射极电流 I_E 而变化的,可等效为一个可变电阻。PN 结的作用相当于一只二极管 VD。

双基极二极管最重要的两个参数为基极电阻 R_{BB} 和分压比 η。

R_{BB} 是指在发射极开路状态下,两个基极之间的电阻,即 $R_{B1}+R_{B2}$,通常 R_{BB} 在 $3\sim10k\Omega$ 之间。

η 是指发射极 E 到基极 B_1 之间的电压和基极 B_2 到 B_1 之间的电压之比,通常 η 在 $0.3\sim0.85$ 之间。

问 45. 如何检测双基极二极管?

(1)判别基极

①判别发射极 E。将万用表置于 R×1kΩ 挡,用两表笔测得任意两个电极间的正、反向电阻值均相等(为 $2\sim10k\Omega$)时,这两个电极即为 B_1 和 B_2,余下的一个

电极则为发射极 E。

②判断基极 B_1 和基极 B_2。将黑表笔接 E，用红表笔依次去接触另外两个电极，分别测得两个正向电阻值。制造工程中，第二基极 B_2 靠近 PN 结，所以发射极 E 与 B_1 间的正向电阻值小，两者相差几到十几千欧。因此，当按上述接法测得的阻值较小时，其红表笔所接的电极即为 B_2；测得阻值较大时，红表笔所接的电极则为 B_1。

注意：上述判断基极 B_1 与 B_2 的方法不是对所有双基极二极管都适合。有个别管子的 E 与 B_1 间的正向电阻值和 E 与 B_2 间的正向电阻值相差不大。不能准确地判断双基极二极管的两个基极在实际使用中哪个是 B_1，哪个是 B_2，并不十分重要。即使 B_1、B_2 用颠倒了，也不会损坏管子，只影响输出的脉冲幅度。当发现输出的脉冲较小时，可将原已认定的 B_1 和 B_2 两电极对调一下试试，以实际使用效果来判定 B_1 和 B_2 的正确接法。

(2)管子好坏的判断　万用表置于 R×100Ω 或 R×1kΩ 挡。将黑表笔接发射极 E，红表笔接 B_1 或 B_2 时，所测得的为双基极二极管 PN 结的正向电阻值，正常时应为几欧至十几千欧，比普通二极管的正向电阻值略大一些。将红表笔接发射极 E，用黑表笔分别接 B_1 或 B_2，此时测得的为双基极二极管 PN 结的反向电阻值，正常时应为无穷大。将红、黑表笔分别接 B_1 和 B_2，测量双基极二极管 B_1、B_2 间的电阻值应在 2～10kΩ 范围内。阻值过大或过小，则不能使用。

(3)测量负阻特性　在 B_1 和 B_2 之间外接 10V 直流电源。万用表置于 R×100Ω 或 R×1kΩ 挡，红表笔接 B_1 极，黑表笔接 E 极，这相当于在 E－B_1 之间加有 1.5V 正向电压。正常时，万用表指针应停在无穷大位置不动，表明管子处于截止状态，因为此时管子处于峰点 p 以下区段，还远未达到负阻区，I_E 仍为微安级电流。若指针向右偏转，则表明管子无负阻特性，它相当于一个普通 PN 结的伏安特性。这样的管子是不宜使用的。

(4)测量分压比 η　根据双基极二极管的内部结构推导出的分压比表达式为

$$\eta = 0.5 + (R_{EB1} - R_{EB2})/2R_{BB}$$

检测时，用万用表的 R×100 或 R×1kΩ 挡测量出双基极二极管的 R_{EB1}、R_{EB2} 和 R_{BB} 值，代入上式即可计算出分压比 η 值。

式中：

R_{EB1} 为双基极二极管的 E 和 B_1 两电极间的正向电阻，即黑表笔接 E，红表笔接 B_1 测得的阻值。

R_{EB2} 为双基极二极管的 E 和 B_2 两电极间的正向电阻值，即黑表笔接 E，红表笔接 B_2 测得的阻值。

R_{BB} 为双基极二极管的 B_1 与 B_2 两电极间的电阻值，即万用表红、黑表笔分别任意接 B_1 和 B_2 测得的阻值。

第6章 晶 体 管

问1. 什么是晶体管？有哪些作用？

晶体管也称半导体二极管，可以说它是电子电路中最重要的器件。它最主要的功能是电流放大和开关、振荡作用。

晶体管是由半导体材料制成两个 PN 结。它的三个电极与管子内部三个区（发射区、基区和集电区）相连接。晶体管有 NPN 型和 PNP 型两种导电类型，图 6-1 所示为晶体管结构与电路符号。

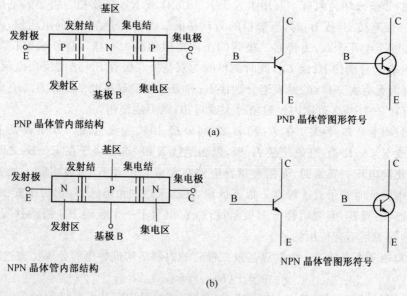

图 6-1　晶体管结构与电路符号

(a) PNP 结构、符号　(b) NPN 结构、符号

图 6-1a 所示为 PNP 型晶体管内部结构及图形符号，由图中可以看出，它由三块半导体组成，构成两个 PN 结，即集电结和发射结，共引出三个电极，分别是集电极、基极和发射极。晶体管中工作电流有集电极电流 I_C、基极电流 I_B、发射极电流 I_E；I_C、I_B 从发射极流入，电路符号中发射极箭头方向朝内形象地表明了电流的流动方向。$I_E = I_B + I_C$，由于 I_B 很小（忽略不计），则 $I_C \approx I_E$。

图 6-1b 所示是 NPN 型晶体管内部结构及图形符号图，与 PNP 型晶体管的不同之处是 P 型、N 型半导体的排列方向不同，其他基本一样。电流方向是从发射极流

出,基极电流和集电极电流都是从晶体管流入的,这从 NPN 型晶体管电路符号中发射极箭头所指方向也可以看出。

问 2. 晶体管怎样分类?

晶体管的种类见表 6-1。

表 6-1　晶体管的种类

晶体管	按材料分	锗晶体管
		硅晶体管
	按 PN 结组合分	NPN 晶体管
		PNP 晶体管
	按制造工艺分	低频锗合金晶体管
		高频锗合金扩散台面晶体管
		硅外延平面晶体管
	按工作频率分	高频晶体管($f_T \geq 3MHz$)
		低频晶体管($f_T < 3MHz$)
	按功率分	大功率晶体管($P_C > 1W$)
		中功率晶体管(P_C 在 $0.5 \sim 1W$)
		小功率晶体管($P_C < 0.5W$)
	按封装形式分	玻璃壳封装晶体管(中小功率管)
		金属壳封装晶体管(中小功率)
		陶瓷环氧封装晶体管(小功率)
		塑料封装晶体管(大、中、小功率)
		G 型金属封装晶体管(大功率带螺杆)
		F 型金属封装晶体管(大功率)
		方型金属封装晶体管(大功率)

问 3. 晶体管具有哪些特性?

(1)电流放大原理

①偏置要求　晶体管需要正常工作的条件为集电结反偏,电压值不定几伏至几百伏,发射结正偏,硅晶体管为 $0.6 \sim 0.7V$,锗晶体管为 $0.2 \sim 0.3V$。即 NPN 型晶体管应为 E<B(硅管:$0.6 \sim 0.7V$,锗管:$0.2 \sim 0.3V$) <C 极电压时才能导通,PNP 型晶体管应为 E>B(硅管:$0.6 \sim 0.7V$,锗管:$0.2 \sim 0.3V$)>C 极电压,晶体管才能正常导通。

②电流放大原理　图 6-2 所示为电流放大原理图,W 使 VT1 产生基极电流 I_B,则此时便有集电极电流 I_C,I_C 由电源经 R_C 提供。当改变电源 W 大小时,VT1 的基极电流便相应改变,从而引起集电极电流的相应变化。I_B 只要有微小的变化,

I_C即可有很大变化。若将 W 变化看成是输入信号,则 I_C 的变化规律是由 I_B 控制的,而 $I_C > I_B$,这样 VT1 通过 I_C 的变化反映了输入晶体管基极电流的信号变化,可见 VT1 将信号加以放大了。I_B、I_C 流向发射极,形成发射极电流 I_E。

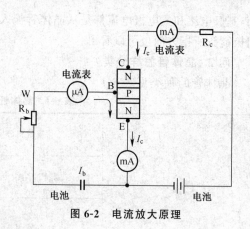

图 6-2　电流放大原理

由上可知,晶体管能放大信号是因为晶体管具有 I_C 受 I_B 控制的特性,而 I_C 的电流能量是由电源提供的。所以,可以讲晶体管是将电源电流按输入信号电流要求转换的器件,晶体管将电源的直流电流转换成流过晶体管集电极的信号电流。

PNP 型晶体管工作原理与 NPN 型相同,但电流方向相反,即发射极电流流向基极和集电极。

③晶体管各极电流、电压之间的关系。由上述放大原理可知,各极电流关系为 $I_E = I_C + I_B$,又由于 I_B 很小可忽略不计,则 $I_E \approx I_C$,各极电压关系为:I_B 极电压与 I_C 极电压变化相同,即 $U_B \uparrow$、$U_E \uparrow$,而 I_B 与 I_C 关系相反,即 $U_B \uparrow$、$U_C \downarrow$。

(2)晶体管的输出特性　在应用中,如果改变其工作电压,会形成三种工作状态,即截止区、导通(放大)区、饱和区。晶体管工作在不同区时,具有不同特性。

①截止状态。即当发射结零正偏(没有达到起始电压值)或反偏,集电结反偏时,晶体管不导通。此时无 I_b、I_c,也无 I_e,即晶体管不工作,此时 U_{ce} 约等于 +V。

②放大状态。即当满足发射结正偏,集电结反偏条件,晶体管形成 I_b、I_c,且 I_c 随 I_b 变化而变化,此时 U_e 和 U_{ce} 随 U_b 变化而变化,又称 U_{ce} 晶体管工作在线性区域。

③饱和状态。即集电结正偏,发射极正偏压大于 0.8V 以上,此时 I_b 再增大,I_c 几乎不再增大了。当晶体管处于饱和状态后,其 U_{ce} 约为 0.2V。晶体管的三个区的工作情况见表 6-2。

表 6-2　晶体管在三个区的工作情况

工作区域		截止	放大	饱和
条件		$I_b = 0$	$0 < I_b < I_c/\beta$	$I_b \geqslant I_{cs}/\beta$
工作特点	偏置情况	发射结和集电结均为反偏	发射结正偏,集电结反偏	发射结和集电结均为正偏
	集电极电流	$I_c = 0$	$I_c = \beta I_b$	$I_c = I_{cs}$且不随 I_b 增加而增加
	管压降	$U_{ce} = Ec$	$U_{ce} = Ec - i_c Rc$	$U_{ce} = 0.3V$(硅管)$U_{ce} = 0.1V$(锗管)
	C\E 间等效内阻	很大,约为数百千欧,相当于开关断开	可变	很小,约为数百欧,相当于开关闭合

问 4. 晶体管有哪些主要参数?

(1)集电极最大耗散功率 P_{CM}　晶体管在工作时,集电结要承受较大的反向电压和通过较大的电流,因消耗功率而发热。当集电结所消耗的功率(集电极电流与集电极电压的乘积)无穷大时,就会产生高温而烧坏。一般锗管的 PN 结最高结温约 75℃～100℃,硅管的最高结温约 100℃～150℃。因此,规定晶体管集电极温度升高到不致于将集电结烧毁所消耗的功率为集电极最大耗散功率 P_{CM}。放大电路不同,对 P_{CM} 的要求也不同。使用晶体管时,不能超过这个极限值。

(2)共发射极电流放大系数 β　共发射极电流放大系数是指晶体管的基极电流 I_b 微小的变化能引起集电极电流 I_c 较大的变化,这就是晶体管的放大作用。由于 I_b 和 I_c 都以发射极作为共用电极,所以把这两个变化量的比值,叫作共发射极电流放大系数,用 β 或 h_{FE} 表示。即 $\beta=\triangle I_c/\triangle I_b$。式中,"△"表示微小变化时,是指变化前的量与变化后的量的差值。常用的中小功率晶体管,β 值约在 20～250 之间。β 值的大小应根据电路上的要求来选择,不要过分追求放大量。β 值过大的管子,往往其线性和工作稳定性都较差。

(3)穿透电流 I_{CEO}　I_{CEO} 是指基极开路,集电极与发射极之间加上规定的反向电压时,流过集电极的电流。穿透电流也是衡量晶体管质量的一个重要标准。它对温度更为敏感,直接影响电路的温度稳定性,在室温下,小功率硅管的 I_{CEO} 为几十微安,锗管约为几百微安。I_{CEO} 大的管子,热稳定性能较差,且寿命也短。

(4)集电极最大允许电流 I_{CM}　集电极电流大到晶体管所能允许的极限值时,叫作集电极的最大允许电流,用 I_{CM} 表示。使用晶体管时,集电极电流不能超过 I_{CM} 值,否则,会引起晶体管性能变差甚至损坏。

(5)集电极和基极击穿电压 BV_{CBO}　集电极和基极击穿电压是指发射极开路时,集电极的反向击穿电压。在使用中,加在集电极和基极间的反向电压不应超过 BV_{CBO}。

(6)发射极和基极反向击穿电压 BV_{EBO}　发射极和基极反向击穿电压是指集电极开路时,发射结的反向击穿电压。虽然通常发射结加有正向电压,但当有大信号输入时,在负半周峰值时,发射结可能承受反向电压,该电压应远小于 BV_{EBO},否则易使晶体管易损坏。

(7)特征频率 f_T　特征频率是表示共发射极电路中,电流放大倍数(β)下降到 1 时所对应的频率。若晶体管的工作频率大于特征频率时,晶体管便失去电流放大能力。

(8)集电极反向电流 I_{CBO}　I_{CBO} 是指发射极开路时,集电结的反向电流。它是不随反向电压增高而增加的,所以又称为反向饱和电流。在室温下,小功率锗管的 I_{CBO} 约为 10 微安左右,小功率硅管的 I_{CBO} 则小于 1 微安。I_{CBO} 的大小标志着集电结的质量,良好的晶体管 I_{CBO} 应该是很小的。

(9)集电极和发射极反向击穿电压 BV_{CEO} 集电极和发射极反向击穿电压是指基极开路时,允许加在集电极与发射极之间的最高工作电压值。集电极电压过高,会使晶体管击穿,所以使用时加在集电极的工作电压即直流电源电压,不能高于 BV_{CEO}。一般应使 BV_{CEO} 高于电源电压的一倍。

问 5. 怎样识别和检测晶体管?

(1)引脚识别方法

①直观识别。图 6-3 所示是常见晶体管的引脚分布图。

图 6-3a 所示是金属外壳封装的晶体管,它的三根引脚呈等腰三角形分布,中间一根为基极 B,靠近凸键标记那根为发射极 E,上面的一根为集电极 C。在一些玻璃封装的晶体管中,引脚分布也呈等腰三角形,只是无凸键标记,引脚分布规律与上述是一样的。

图 6-3b、图 6-3c 所示是两根引脚的晶体管,也采用金属封装,这种晶体管的功率较大。这种晶体管的两根引脚为 B、E,它们分布在水平中心线之上,左为 B 引脚,右为 E 引脚。金属外壳是集电极 C。这种晶体管功率大,为了便于散热,集电极直接接外壳。在线路板上,晶体管外壳通过固定螺钉与线路板线路相连。

图 6-3d、图 6-3e、图 6-3f 所示是一种塑料封装的晶体管,在晶体管外壳上已标注出各引脚名称。但塑料封装的晶体管种类很多,大多数在外壳上不标出引脚,而且各引脚的分布规律也不相同,使用中需要通过测量来识别。

图 6-3g 所示是片状晶体管,特点是体积小,引脚短,可直接贴焊在印制电路板上,适用于微型电路中。

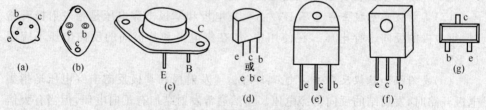

图 6-3   常见晶体管的引脚分布图

②万用表识别引脚。

判定基极,并区分 NPN、PNP 晶体管。先假设一个极为基极,用万用表 R×1Ω~R×100Ω 挡,黑表笔接假设基极,红表笔分别测量另两个电极。如果表针均摆动,说明假设正确(如一次动一次不动,则不正确,应再次假定一个基极)。此时黑表笔所接为 NPN 晶体管基极。如表针均不动,假定也正确,说明黑表笔所接为 PNP 基极。用此法也即可区分 PNP、NPN 晶体管。

判别集电极和发射极引脚的方法。假设为 NPN 晶体管,在找出 B 极之后,要分清另两个引脚。方法是:红、黑表笔分别接除 B 引脚之外的两根引脚,然后用手捏住基极和黑表笔所接引脚,此时若表针向右偏转一个角度(阻值变小),则说明黑表笔所接引脚为集电极,另一个红表笔所接引脚为发射极。如不摆动,对换表笔再次测量即可。测 PNP 时相反,即黑表笔为 E 极,红表笔为 C 极,手捏的为 B 极。

　　快速识别窍门:由于现在的晶体管多数为硅管,可采用 R×10kΩ 挡(万用表内电池为 15V 或 22V 电池,电压低于 9V 时不适用,可采用将电池串入表笔中的方法提升电压。),红、黑表笔直接测 C、E 极,正反两次,其中有一次表针摆动(几百千欧左右),还有一次不摆动。如两次均摆动,以摆动大的一次为准。NPN 晶体管为红表笔所接 C 极,黑表笔所接为 E 极。PNP 管红表笔接 E 极,黑表笔接 C 极(注意:此法只适用于硅管)。另外此法也是区分光电耦合器中 C、E 极最好方法。

　　(2)判别锗管与硅管

　　将数字万用表置于二极管挡,红、黑表笔分别接 BE、BC,当万用表所提示的是被测管子的发射结正向压降时,电压值为 0.2~0.3V 时为锗管,电压值为 0.6~0.8V 时为硅管。

　　(3)判别管子好坏

　　用万用表 R×100 挡测各极间的正、反向电阻来判别晶体管好坏。

　　①与 C、E 间的正向电阻(即 NPN 管黑表笔接 B,红表笔分别接 C、E 两极;PNP 型管应对调表笔),对于硅管来讲约几千欧,锗管则为几百欧。电阻过大,说明晶体管性能不好;无穷大时晶体管内部断路;零欧时晶体管内部短路。

　　②E 与 C 之间的电阻,硅管几乎是无穷大;小功率锗管在几十千欧以上,大功率锗管在几百欧以上。如果测得电阻为零欧,说明晶体管内部短路。在测量晶体管的反向电阻或 E 与 C 间的电阻时,如果随测量的时间延长,电阻慢慢减小,说明晶体管的性能不稳定。

　　③B、C 间的反向电阻,硅管接近无穷大,锗管在几百千欧以上。如果测量阻值太小,表明晶体管性能不好;零欧表明晶体管内部短路。

　　(4)估测穿透电流 Iceo

　　①测小功率晶体管用 R×100Ω 挡,如果是 PNP 型管,黑表笔(表内的正极)接 E,红表笔(表内的负极)接 C;如果是小功率锗管,阻值在几十千欧以上。如果阻值太小,表针缓慢向低阻值方向移动,表明 Iceo 大。

　　②测大功率晶体管用 R×10kΩ 挡,如果是 NPN 型管,红表笔接 E,黑表笔接 C,此时测得的阻值应在上千千欧。如果太小,说明 Iceo 过大;如果为无穷大,晶体管内部开路。然后把表笔对调测量,表针应为无穷大。如果表针有些摆动,表明晶体管 Iceo 稍大。如果正、反两次测得阻值相等,表明 Iceo 很大,几乎不能使用。

(5)测量 β 值

①用万用表 h_{FE} 挡测量,把晶体管的 3 个引脚分别插入 h_{FE} 挡的 3 个孔内,表针的读数就是晶体管的放大倍数。大功率管可以把管脚接上线后再进行测量。

②万用表无 h_{FE} 挡的,可用下面的方法测量。测 PNP 型管,红表笔接 C,黑表笔接 E,用一只 $100k\Omega$ 左右的电阻跨接于 B 与 C 之间(用湿手捏 B 与 C 之间均可),此时表针会偏向低电阻一方。表针摆动幅度越大,表明晶体管 β 值越高。

测 NPN 型管,红表笔接 E,黑表笔接 C,其他方法同上。如果 B 与 C 之间跨接电阻后,表针仍不断地变小,说明晶体管 β 值不稳定。

(6)判断高频管与低频管

根据晶体管的型号区分高、低频管是最准确的方法,在无法认清型号时可以用万用表估测。用 $R\times1k\Omega$ 挡测 B 与 E 间的反向电阻,如果在几百千欧以上,就将表拨到 $R\times10k\Omega$ 挡,若表针能偏转到表盘的 1/2 左右,表明该晶体管为硅高频管;若用 $R\times10k\Omega$ 挡阻值变化很小,表明该晶体管为低频管。

问 6. 在应用时如何代用晶体管?

(1)代换

代换晶体管时应注意的原则如下。

①极限参数高的晶体管代替较低的晶体管。如高反压代替低反压,中功率代替小功率晶体管。

②性能好的代替性能差的晶体管。例如,β 值高的代替 β 值低的晶体管(由于晶体管 β 值过高稳定性较差,故 β 值不能选的过高);I_{ceo} 小的代替 I_{ceo} 大的晶体管等。

③在其他参数满足要求时,高频管可以代替低频管。一般高频管不能代替开关管。

代换晶体管的方法如下。

①搞清晶体管损坏的原因,检查是电路中其他元器件导致晶体管损坏,还是晶体管本身自然损坏,确认是晶体管本身不良而损坏时,就要更换新晶体管。换新晶体管时极性不能接错,否则一是电路不能正常工作,二是可能损坏晶体管。

②更换晶体管时,应该仍然选用原型号。如无原型号,也应选用主要参数相近的晶体管。

③大功率管换用时应加散热片,以保证晶体管散热良好。另外还应注意散热片与晶体管之间的绝缘垫片,如果原来有引片,换晶体管时未安装或安装不好,可能会烧坏晶体管。

④确定晶体管是否损坏。在修理各种家电中,初步判断晶体管是否损坏,要断开电源,将认为损坏的晶体管从线路中焊下,并记清该管三个极在印制板上的排

列。对焊下的晶体管做进一步测量,以确认该晶体管是否损坏。

除注意以上事项外,在使用晶体管时,可以根据《晶体管手册》查其主要参数,并在实践中总结一些实际经验,根据具体情况进行代换。

问 7. 什么是带阻尼行输出晶体管?

带阻尼晶体管的行输出大功率晶体管是电视机行输出电路中的专用管件。图 6-4 所示为带阻尼行输出晶体管内部结构和等效电路图。从图中可见,这种晶体管的 B、E 极之间接有一只阻值较小的内置电阻,而在 C、E 极之间接有一只阻尼二极管。内置电阻与阻尼二极管连同大功率晶体管一起被封装在同一管壳内。此种管子具有耐压高,功率大,使用时不需要另外再单独设置阻尼二极管的特点。带阻尼行输出晶体管都为 NPN 型硅管,有塑料封装和金属封装两种。

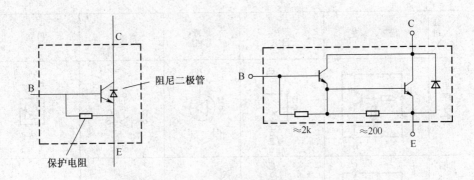

图 6-4 带阻尼行输出晶体管内部结构和等效电路图

问 8. 怎样检测带阻尼专用晶体管

①用万用表 R×100 挡,黑表笔接 B,红表笔分别接 E、C 极。表针摆动 2/3 左右。

②红表笔接 B,黑表笔接 C,表针应摆动 1/2;黑表笔再接 E,表针应为"无穷大"。

③黑表笔接 E,红表笔接 C,表针应摆动约 2/3;对调表笔测量为"无穷大"。

④红表笔接 E,黑表笔接 C,用 R×10kΩ 挡测量也应为"无穷大"。如果表针摆动,说明此管子穿透电流稍大,使用时应注意。

⑤经上述测试完成后,再测量放大能力。方法是用手捏 BE 极,用 R×10kΩ 挡,红表笔接 E 极,黑表笔接 C 极,表针应有大幅度摆动,说明有放大能力,否则为坏。

问 9. 什么是带阻晶体管?

带阻晶体管是将一只或两只电阻器与晶体管连接后封装在一起构成的,广泛应用于电视机、影碟机、录像机、DVD、显示器等电子产品中,作反相器、倒相器或电子开关控制来使用。常见带阻晶体管的内部电路结构如图 6-5 所示。各种带阻晶体管符号见表 6-3。

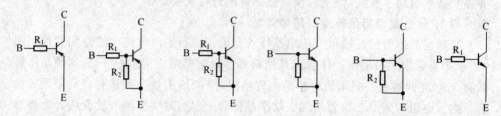

图 6-5　常见带阻晶体管的内部电路结构

表 6-3　各种带阻晶体管符号

符号 \ 公司	松下、东芝	三洋、日电	夏普、飞利浦	富丽	日立
PNP 型					
NPN 型					

问 10. 怎样检测带阻专用晶体管？

由于内部带有电阻，在检测时均应使高电阻挡位测量。区分电极方法可根据图中结构按普通管区分。

问 11. 什么是光敏晶体管？有哪些参数？

光敏晶体管是可以实现光电转换，又具有放大功能，因而被广泛应用在光控电路中。

光敏晶体管的符号为 VT，有普通型与复合型两类，按导电类型又分为 NPN、PNP 型光敏晶体管两类，图形符号如图 6-6 所示。其基极即为光窗口，因此它只有发射极 E 和集电极 C 两个管脚，靠近管键或色点的是发射极 E（长脚），另一脚是集电极 C（短脚）；少数光敏晶体管基极 B 有引脚，用作温度补偿。目前，图 6-7 所示为硅光敏晶体管结构图。

光敏晶体管基极与集电极间的 PN 结相当于一个光敏二极管，在光照下产生的

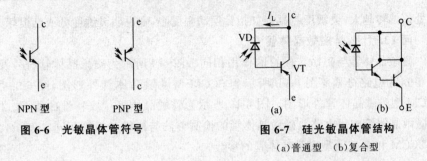

图 6-6　光敏晶体管符号　　　　　　图 6-7　硅光敏晶体管结构

　　　　　　　　　　　　　　　　　　　　（a）普通型　（b）复合型

光电流从基极进入晶体管放大，因此光敏晶体管输出的光敏流可达光敏二极管的 β 倍。

　　光敏晶体管的主要参数如下。

　　（1）最高工作电压 V_{CEO}　　无光照状态下，E、C 极之间漏电流不超过规定值（约 $0.5\mu A$）时，光敏晶体管所允许施加的最高工作电压一般在 10～50V 之间。

　　（2）暗电流 I_D　　暗电流是指在无光照时，光敏晶体管 E、C 极之间的漏电流，一般小于 $1\mu A$。

　　（3）光电流 I_L　　光电流指在受到一定光照时，光敏晶体管的集电极电流，通常可达几毫安。

　　（4）最大允许功耗 P_{CM}　　最大允许功耗指光敏晶体管在不损坏的前提下所能承受的最大功耗。

问 12. 怎样检测光敏晶体管？

　　（1）管脚识别　　光敏晶体管的管脚排列如图 6-8 所示，靠近管脚的或者比较长的一管脚为发射极 E，离管脚较远或较短的一管脚为集电极 C。另外，对于达林顿型光敏晶体管，封装缺圆的一侧则为集电极 C。

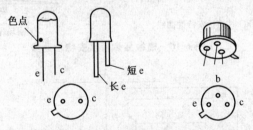

图 6-8　光敏晶体管管脚排列图

　　（2）检测暗电阻　　将光敏晶体管的受光窗口用黑纸片遮住，万用表置于 R×1K 挡，红、黑表笔分别接光敏晶体管的一个引脚，指针不应摆动。如摆动，说明被测光敏晶体管漏电。

　　（3）检测亮电阻　　万用表仍使用 R×1kΩ 挡，将红表笔接发射极 E，黑表笔接集电极 C，使受光窗口朝向某一光源（自然光、白炽灯等），万用表指针应向右偏转至几千欧处。偏转越大,灵敏度越高。如指针摆动幅度小,则说明灵敏度低或已损坏。

问 13. 什么是磁敏晶体管?

磁敏晶体管与磁敏二极管的作用相同。图 6-9 所示为磁敏晶体管符号及外形。图 6-9a 为电路符号。图 6-9b 所示为 3CCM 型磁敏晶体管外形图,图 6-9c 所示为 4CCM 型磁敏晶体管外形图。图 6-10 所示为磁敏晶体管伏安特性曲线图。图 6-11 为磁敏晶体管应用电路。磁敏晶体管的检测方法与磁敏二极管相同。表 6-4、表 6-5 为 3CCM 和 4CCM 型磁敏晶体管的参数。

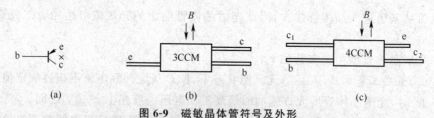

图 6-9　磁敏晶体管符号及外形

(a)符号　(b)3CCM 型磁敏晶体管外形　(c)4CCM 型磁敏晶体管外形

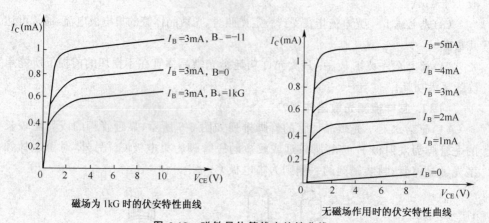

磁场为 1kG 时的伏安特性曲线　　　　　无磁场作用时的伏安特性曲线

图 6-10　磁敏晶体管伏安特性曲线

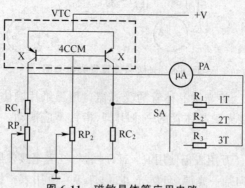

图 6-11　磁敏晶体管应用电路

表 6-4　3CCM 型磁敏晶体管参数

型号	分档	I_{CEO}/μA	I_{cco}/μA	B_{vcco}/V	h±(%/T)	ah/(%/℃)	ai/(%/℃)	P_{CM}/mW	Top/℃	Tim/℃
3ccm1	A	≤100	≤1	≥40	≥60	−0.6	−0.1~0.3	20	−45~100	125
	B	≤100	≤1	≥40	≥50	−0.6	−0.1~0.3	20	−45~100	125
3ccm2	A	≤200	≤1	≥40	≥50	−0.6	−0.1~0.3	20	−45~100	125
	B	≤200	≤1	≥40	≥40	−0.6	−0.1~0.3	20	−45~100	125
3ccm3	A	≤300	≤1	≥40	≥40	−0.6	−0.1~0.3	20	−45~100	125
	B	≤300	≤1	≥40	≥30	−0.6	−0.1~0.3	20	−45~100	125
测试条件		U_{DC}=6V I_b=3mA R=100Ω B=0	U_{DC}=20V I_b=0 R=100Ω	I_c=10μA I_b=0 R=100Ω	U_{DC}=6V I_b=3mA R=100Ω B=0	U_{DC}=6V I_b=3mA R=100Ω	U_{DC}=6V I_b=3mA R=100Ω			

表 6-5　4CCM 型磁敏晶体管参数

型号	分档	I_{CEO}/μA	I_{cco}/μA	B_{vcco}/V	h±(%/T)		ah/(%/℃)	ai/(%/℃)	P_{CM}/mW	Top/℃	Tim/℃
4ccm1	A	≤120	≤1	≥40	≥100	≤5	−0.6	≤0.05	40	−45~100	125
	B	≤120	≤1	≥40	≥100	≤10	−0.6	≤0.05	40	−45~100	125
	C	≤120	≤1	≥40	≥100	≤15	−0.6	≤0.05	40	−45~100	125
4ccm2	A	≤240	≤1	≥40	≥80	≤5	−0.6	≤0.05	40	−45~100	125
	B	≤240	≤1	≥40	≥80	≤10	−0.6	≤0.05	40	−45~100	125
	C	≤240	≤1	≥40	≥80	≤15	−0.6	≤0.05	40	−45~100	125
4ccm3	A	≤400	≤1	≥40	≥60	≤5	−0.6	≤0.05	40	−45~100	125
	B	≤400	≤1	≥40	≥60	≤10	−0.6	≤0.05	40	−45~100	125
测试条件		U_{DC}=6V I_b=6mA R=100Ω B=0	U_{DC}=20V I_b=0 R=100Ω	I_c=10μA I_b=0 R=100Ω	U_{DC}=6V I_b=6mA R=100Ω B=0		U_{DC}=6V I_b=6mA R=100Ω	U_{DC}=6V I_b=6mA R=100Ω			

问 14. 什么是差分对管？

差分对管也称孪生对管或一体化差分对管，它是将两只性能参数相同的晶体管封装在一起构成的电子器件，一般用在音频放大器或仪器、仪表中作差分输入放大管。

差分对管有 NPN 型和 PNP 型两种结构。图 6-12 所示为差分对管内部电路结构。

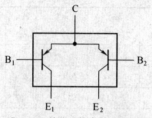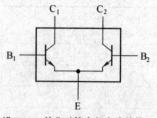

进口PNP差分对管内部电路结构　　　　进口NPN差分对管内部电路结构

(a)

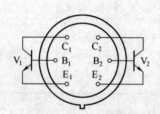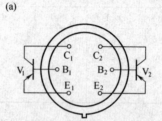

国产NPN差分对管内部电路结构　　　　国产PNP差分对管内部电路结构

(b)

图6-12　差分对管内部电路结构

（a）进口差分对管　（b）国产差分对管

问15. 如何检测差分对管？

先按图区分电极，再按普通晶体管方法检测。当某只晶体管损坏后，用一只放大倍数和穿透电流相同的晶体管更换。

问16. 什么是达林顿管？

达林顿管及巨型大功率管均为复合晶体管，具有较大的电流放大系数及较高的输入阻抗特点。

普通达林顿管通常由两只晶体管或多只晶体管复合连接而成，内部不带保护电路，耗散功率在2W以下。普通达林顿管的内部电路结构如图6-13所示。

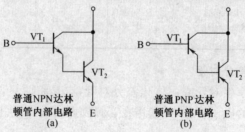

普通NPN达林　　　　　　　普通PNP达林
顿管内部电路　　　　　　　顿管内部电路
(a)　　　　　　　　　　　(b)

图6-13　普通达林顿管内部电路结构

（a）NPN型管　（b）PNP型管

普通达林顿管外形与普通晶体管相同。根据内部结构可知有 PNP 型和 NPN 型,主要用于高增益放大电路或继电器驱动电路等。

问 17. 如何检测达林顿管?

检测方法与普通管相同。但用数字表检测发射结起始电压值高于普通管,用机械表测发射结电阻值也大于普通管。测出电极后,必须测量有无放大能力,如无放大能力,则为坏。方法为:将万用表置于 R×10kΩ 挡,NPN 型管,红表笔接 E,黑表笔接 C。用手捏基极和集电极,表针应摆动,说明有放大能力;PNP 型管,红表笔接 C,黑表笔接 E,用手捏基极和集电极即可。

问 18. 什么是大功率达林顿管(模块)?

大功率达林顿管是内部接有保护器件,图 6-14 所示为大功率达林顿管的内部结构图。

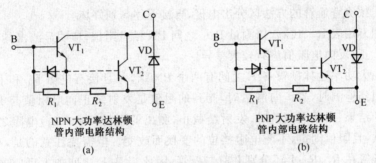

NPN大功率达林顿
管内部电路结构
(a)

PNP大功率达林顿
管内部电路结构
(b)

图 6-14 大功率达林顿管内部结构

(a)NPN 型管 (b)PNP 型管

由图可见,这类管子在 C 和 E 之间反向并接了一只起过压保护作用的续流二极管 VD,当感性负载(如继电器线圈)突然断电时,通过 VD 可将反向尖峰电压泄放掉,从而保护内部晶体管不被击穿损坏。另外,在晶体管 VT_1、VT_2 和发射结上还分别并入了电阻 R_1 和 R_2。此 R_1 和 R_2 的作用是为漏电流提供泄放支路。因而称之为泄放电阻。因 VT_1 的基极漏电流比较小,所以 R_1 的阻值通常取的较大些;VT_1 的漏电流经放大后加到 VT_2 的基极上,加之 VT_2 自身存在的漏电流,使得 VT_2 的基极漏电流比较大,因此 R_2 的阻值通常取值较小。一般在设计大功率达林顿管时,R_1 常取几千欧,R_2 则取几十欧。

大功率达林顿管参数见表 6-6。

表 6-6 常用达林顿管的参数

型号 \ 参数名称	V_{CEO}	I_{cm}	P_{cm}
BD677	60V	4A	40W

参数名称 型号	V_{CEO}	I_{cm}	P_{cm}
BD678	$-60V$	$-4A$	40W
BDX63A	80V	8A	90W
BDX62A	$-80V$	$-8A$	90W
KP110A	80V	10A	150W
MJ10016	500V	50A	250W
MJ11032	120V	50A	300W
MJ11033	120V	50A	300W

问 19. 如何检测大功率达林顿管？

首先按测普通管的方法区分出电极，再接下述判别好坏：

①用万用表 R×10kΩ 挡测量 B、C 之间 PN 结电阻值，应明显测出具有单向导电性能。正、反向电阻值应有较大差异。

②在大功率达林顿管 B、E 之间有两个 PN 结，并且接有电阻 R_1 和 R_2。用万用表电阻挡检测时，当正向测量时，测到的阻值是发射结正向电阻值与 R_1、R_2 阻值并联的结果；当反向测量时，发射结截止，测出的则是 (R_1+R_2) 电阻之和，大约为几千欧，且阻值固定，不随电阻挡位的变换而改变。但需要注意的是，有些大功率达林顿管在 R_1、R_2 上还分别并有二极管，因此当 B、E 之间加上反向电压（即红表笔接 B，黑表笔接 E 时）所测得的则不是 (R_1+R_2) 之和，而是 (R_1+R_2) 与两只二极管正向电阻之和的并联电阻值。

③检测大功率达林顿晶体管放大能力的方法与检测普通达林顿晶体管的操作方法相同。

第 7 章 场效应晶体管

问 1. 什么是场效应晶体管?

场效应晶体管是受电压控制的半导体器件,属电压型控制器件,以其驱动电流小、工作性能稳定被广泛应用到各种电子产品中。

问 2. 场效应晶体管如何分类?

场效应晶体管的分类见表 7-1。

表 7-1 场效应晶体管的分类

场效应晶体管	结型场效应晶体管	N 型沟道	耗尽型
		P 型沟道	
	绝缘栅型场效应晶体管	N 型沟道	增强型
			耗尽型
		P 型沟道	增强型
			耗尽型
	功率场效应晶体管		

问 3. 结型场效应晶体管是怎样工作的?

结型场效应晶体管的基本结构是 PN 结,在 N 型半导体与 P 型半导体形成 PN 结时,N 区电子很多,空穴很少;P 区空穴很多,电子很少。因此在 PN 结交界处,由于扩散的是带负电的受主离子,这一区域内再也没有自由电子或空穴了,所以又称为耗尽区或空间电荷区。图 7-1 所示为结型场效应晶体管结构、工作原理图。图 7-1a 是空间电荷区示意图。图 7-1b 的情况是当向 PN 结施加反向电压时(P 接负极,N 接正极),耗尽区就会向半导体内部扩展,使耗尽区变宽,控制耗尽区里空间电荷过多,这种扩展如果 N 区杂质浓度高于 P 区,主要在 P 区进行;反之,就是在 N 区里进行。

图 7-1c 所示为 N 型沟道结型场效应晶体管的结构原理示意图,它是在一块低掺杂的 N 型区两边扩散两个高掺杂的 P 型区,形成两个 PN 结。一般情况下,N 区比较薄,N 区两端的两个电极分别叫作漏极(用字母 D 表示)和源极(用字母 S 表示),P+区引出的电极叫作栅极(用字母 G 表示)。

正常工作时,漏极接电源正极,源极接电源负极,栅极接偏置电源的负极。因为栅极与 P+区相连,所以两个 PN 结都加上了反向电压,只有极微小的电流流出栅极。由于漏极和源极都和 N 区相连,漏、源之间加正向电压之后,在栅极电压不

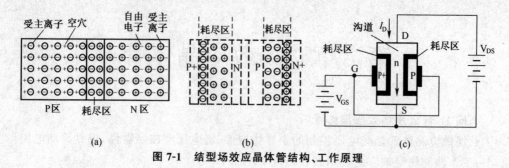

图 7-1 结型场效应晶体管结构、工作原理

太高时,漏源之间有电流 I_D 流过,它是由 N 区中多数载流子(电子)形成的。由于 P+N 结的耗尽区大部分在 N 区,当加上反向电压时,耗尽区主要向 N 区扩展,电压越高,两个耗尽区之间电流可以通过的沟道就越窄。加在栅极与源极之间的负压越大,两个耗尽区变得越厚,夹在中间的沟道越薄,从而使沟道的电阻增大,漏电流 I_D 减小,反之 I_D 增大。漏电流 I_D 的大小会随栅源之间的电压 V_{GS} 大小而变。也就是说,栅源电压 V_{GS} 能控制漏电流 I_D。

前面讲的是两个 P+区夹着一个薄的 N 区形成的结型场效应晶体管,称为 N 沟道结型场效应晶体管。同样两个 N+区夹着一个薄的 P 区就形成 P 沟道结型场效应晶体管,但是它正常工作的电压与 N 沟道管子相反。图 7-2 是结型场效应晶体管两种管子的构造和电路符号图。

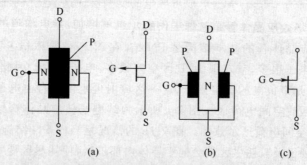

图 7-2 结型场效应晶体管两种管子的构造和电路符号

(a)P 沟道型 (b)N 沟道型 (c)电路符号

问 4. MOS 场效应晶体管是怎样工作的?

MOS 场效应晶体管是金属—氧化物—半导体型场效应晶体管。它是利用半导体表面层形成沟道导电的场效应器件。图 7-3 所示是 N 沟道 MOS 场效应晶体管的结构示意图,有增强型和耗尽型之分。图 7-4 所示为 MOS 管特性曲线图。

(1)耗尽型 MOS 管 由于栅极下面的二氧化硅膜的结构并不是很纯净的,它里面往往会有一些带正电荷的杂质或缺陷,其正电荷本身就会产生一定的电场,此电场对氧化膜下面的硅表面产生影响。如果氧化膜中的正电荷多,或是 P 型硅的掺杂深度很低，即使栅极上没有加正电压，氧化膜中的正电荷也能吸引足够的电子，在硅片表面上产生反型层，使源极与漏极之间存在导电沟道。这种管子称为耗尽型 MOS 管。漏电流 I_D 与栅源电源 V_{GS} 关系，参见图 7-4a 所示。它工作时栅极一般加上负电压，加上负电压以后沟道的导电性能逐渐变弱，负电压大到一定程度以后，导电性能才会消失。

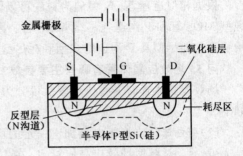

图 7-3 N 沟道 MOS 场效应晶体管的结构示意图

(2)增强型 MOS 管 N 沟道 MOS 管是以 P 型硅为衬底，在表面扩散两个 N ＋区，分别作为源极和漏极。两个扩散区之间硅片表面有一层薄的二氧化硅膜，其上的金属电极就是栅极。在这种结构里，N 型源扩散区与漏扩散区之间隔着 P 区，所以好像两个"背靠背"地连在一起的二极管，这时如果在源极和漏极之间加上电压，也不会有电流流过（只有极微小的 PN 结反向电流），这是在栅极没有加电压的情况。当栅极上加上正电压（对源极）以后，就会在栅极下面产生一个电场，把 P 型硅体内的电子吸引到表面附近来，这样在栅极下面的硅表面上就形成一个具有大量电子的薄层，即在 P 型硅表面形成可导电的反型层。这个反型层成为导电沟道，当栅极正电压增大时，被吸取到反型层的电子也就增加，导电沟道的电阻减小，流过沟道的电流就会增加；相反，电流减小。当漏源电压 V_{GS} 为一定值时，漏电流 I_D 与栅源电压 V_{GS} 的关系如图 7-4b 所示。当 $V_{GS} < V_T$ 时，$I_D = 0$；当 $V_{GS} > V_T$ 时，I_D 随 V_{GS} 增加而增加。V_T 称为管子的阀值电压。这种管子在 $V_{GS} = 0$ 时，源漏之间不导电，只有当 V_{GS} 大于正的开启电压 V_T 时，栅极下面形成反型层才具有导电特性，称为增强型 MOS 管。

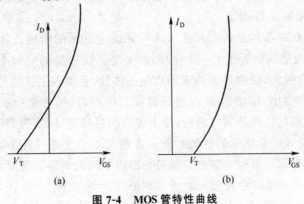

图 7-4 MOS 管特性曲线

(a)耗尽型 (b)增强型

根据相似道理,以 N 型硅为衬底可以做成 P 沟道 MOS 管,同样也有 P 沟道增强型 MOS 管和 P 沟道耗尽型 MOS 管。因此 MOS 管可以有四种类型,即 N 沟道增强型和耗尽型及 P 沟道增强型和耗尽型。

问 5. 场效应晶体管有哪些主要参数?

场效应晶体管的主要技术参数可分为直流参数和交流参数两大类,主要参数如下。

(1)栅电流 当栅极电流加上一定的反向电压时,会有极小的栅极电流,用符号 I_G 表示。对结型场效应晶体管,I_G 在 $10^{-9} \sim 10^{-12}$ A 之间;对于 MOS 管而言,I_G 要小于 10^{-4} A。正是由于栅电流极小,所以场效应晶体管具有极高的阻抗。

(2)通导电阻 当 $V_{GS}=0$ 而 V_{DS} 足够小时,漏极电压 V_{DS} 和漏电流 I_D 的比值称为管子的通导电阻,常用符号 R_{ON} 表示。

(3)夹断电压 V_P 和开启电压 V_T V_P 一般是对结型管而言,当栅源之间的反向电压 V_{GS} 增加到一定数值以后,不管漏源电压 V_{DS} 大小都不存在漏电电流 I_D。这个 I_D 使开始为零的电压叫作管子的夹断电压。V_T 一般是对 MOS 管而言,表示开始出现 I_D 时的栅源电压值。对 N 沟道增强型、P 沟道耗尽型 V_T 为正值,对 N 沟道耗尽型、P 沟道增强型 V_T 为负值。

(4)截止漏电流 对增强型 MOS 管而言,$V_{GS}=0$ 时管子不导通,即源漏极间加上电压 V_{DS} 后,漏电流应该是 0,但由于 PN 结反向电流的存在,仍有很小的电流,称为截止漏电流。

(5)饱和漏电流 当 $V_{GS}=0$ 而 V_{DS} 足够大时,漏电流的饱和值就是管子的饱和漏电流,常用符号 I_{DSS} 表示。

问 6. 结型场效应晶体管如何检测?

结型场效应晶体管(JFET)的栅极 G 与源极 S、栅极 G 与漏极 D 之间各有一个 PN 结,栅极对源极和漏极呈对称结构,根据这一特点可以很准确地判定出栅极 G,进而将源极 S 和漏极 D 确定。

(1)判定场效应晶体管的电极及沟道 先确定管子的栅极。将万用表置于 R×100 挡,用黑表笔接触管子的一个电极,红表笔依次碰触另外两个电极。若两次测出的电阻值均很大,说明是 P 沟道场效应晶体管,且黑表笔接的是栅极。若两次测出的电阻值均很小,说明是 N 沟道场效应晶体管,且黑表笔接的是栅极。若不出现上述情况,则可以调换另一电极,按上述方法进行测试,直至判断出栅极为止。

一般结型场效应晶体管的源极和漏极在制造工艺上是对称的,故可以互换使用,所以可以不再判别源极和漏极。漏极与源极之间的电阻正常时约为几千欧姆。

(2)估测场效应晶体管的放大能力 将万用表置于 R×100 挡,黑表笔接漏极 D,红表笔接源极 S,这时指针指示出的是漏极和源极间的电阻值,用手捏住栅极

G,万用表指针应有较大幅度的摆动,摆幅越大,说明管子的放大能力越强。如果万用表的指针摆动很小,说明管子的放大能力很弱。如果万用表的指针根本不摆动,则说明管子已经失去放大能力。

问7. 什么是双栅极场效应晶体管?

双栅极场效应晶体管广泛用于彩色电视机的电子调谐器中,它具有噪声低、输入阻抗高、放大能力强、线性范围大、AGC 特性好,抗交叉能力大等优点。图 7-5 为双栅极场效应晶体管的符号、外形及结构。

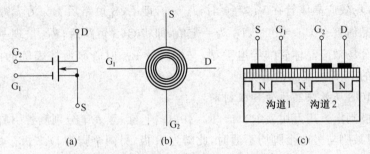

图 7-5　双栅极场效应晶体管的符号、外形及结构

(a)符号　(b)外形　(c)结构

问8. 如何测量双栅极场效应晶体管?

由图 7-5 可见,这种场效应晶体管有两个串联的沟道,两个栅极均可以控制沟道电流。靠近源极 S 的栅极 G_1 是信号栅,靠近漏极 D 的栅极 G_2 是控制栅,应加 AGC 电压。

(1)判别电极及好坏

将万用表置于 R×10Ω 挡,测四个引脚,其中有两个脚正反均有阻值,则此两脚即为 D 与 S。漏极(D)与源极(S)的电阻几十欧姆。当找到 D 与 S 后,再次正、反测 D 与 S,其中被测阻值较大的一次,即黑表笔所接为 D 极,红笔所接为 S 极,靠近 S 极的为信号栅 G_1,靠近 D 极的为控制栅 G_2。用 R×1kΩ 或 10kΩ 挡,测 G_{1D}、G_{1S}、G_{2D}、G_{2S} 及 G_{1G} 正反均应不通,否则为坏。检测过程中,如果 D、S 极间电阻极大,则表明内部断线;如果 G_1、G_2 栅极与 S(或 D 极)以及 G_1、G_2 栅极之间的电阻较小,或为零,则相应的电极漏电或击穿。

(2)检测放大能力

将万用表置于 R×100kΩ 挡,黑表笔接 D 极,红表笔接 S 极,这时指示的是漏极与源极间的电阻,约有几十欧姆的电阻值;与此同时,用金属杆碰触 G_1、G_2 两极,这时电阻值应发生变化。该阻值改变的越大,说明管子的放大能力越强。如表针不摆动,说明管子已经失去放大能力。在检测中还要注意两点。

①由于 MOS 双栅极场效应晶体管 S 与 D 之间用一层极薄的氧化物进行绝

缘,因此应避免在强电场下进行测量。

②肖特基等型号的双栅极场效应晶体管不能使用万用表进行测量,以免静电感应使管子损坏,可用代替法进行判断。在焊接时,可先保持原套塑料管或保护铝箔不动,用一段细裸铜丝在管脚靠根部缠绕,使管脚完全并联在一起,再把管脚剪至需要长度并弯成适当形状,像焊普通晶体管那样焊接,焊接好后再把细铜丝拆除,这样可防止感应静电高压击穿损坏。

问 9. 如何测量 MOS 场效应晶体管?

MOS 场效应晶体管在 $V_{GS}=0$ 时,$I_D=0$,即 G、S 短路后 R_{DS} 为无穷大;耗尽型场效应晶体管在 $V_{GS}=0$ 时,I_D 为一定值,即将 G、S 短路后,R_{DS} 呈现一定阻值。据此可区分场效应晶体管的导电类型,又据测量 R_{DS} 时管脚所接表笔的极性可推断其对应的 D、S 电极的沟道类型。

(1)MOS 场效应晶体管各极判定

①G 极判定。用万用表 R×1~R×10kΩ 挡,红、黑表笔分别测各引脚正、反电阻,当测得某脚与另两个脚均不通时,此脚为 G 极,另两个脚为 D、S 极。

②区分漏极 D 和源极 S。判断出 G 极后,用一导线将 G 与红表笔相接,红、黑表笔分别测 D、S 的正、反电阻。如一次阻值较小,一次阻值为无穷大,则说明此管为 N 沟道增强型管。如有一次阻值较小,一次阻值较大,说明此管为 N 沟道耗尽型管,上述测量中,以阻值大的一次为标准。红表笔所接为源极 S,黑表笔所接为漏极 D,P 沟道增强型与耗尽型与上述相反(应用导线短接 G 与黑表笔)。

(2)判断放大能力

当区分出 G、S 和沟道后,可进一步测量放大能力,在上述测试过程中,拆除 G 与红表笔短接线,改为 G 与黑表笔相接,此时表针应大幅度向右摆动(即阻值很小),说明管子放大能力正常;P 沟道相反,如无放大能力,说明管子损坏。

注:测试场效应晶体管时,测量者的双手应事先触摸接地体以泄放静电,否则会损坏场效应晶体管。

问 10. 什么是大功率 VMOS 场效应晶体管?

VMOS 场效应晶体管是一种功率型场效应晶体管,通常简称 VMOS 管,全称为 V 型槽 MOS 场效应晶体管。有 3 个电极,分别为栅极 G、漏极 D 和源极 S。电路符号有两种画法,一种是内藏保护二极管型,另一种是内部不带保护二极管型,图 7-6 所示为 VMOS 场效应晶体管符号、结构图。VMOS 管的特点是具有 V 型槽和具有垂直导电性。漏极 D 是从芯片的背面引出的,因而工作时的漏极电流 I_D 不是沿着表面水平流动,而是从重掺杂 N^+ 区(源极 S)出发,经过与表面形成一定角度的沟道流到轻掺杂 N^- 漂移区,然后垂直到达漏极 D。因此,人们常把这种具有 V 形槽结构和垂直导电型的半导体器件统称为 V-MOSFET(即垂直导电型金属—

氧化物—半导体场效应晶体管）。具有输入阻抗高、驱动电流小、耐压高（最高耐压1200V）、工作电流大（1.5～100A）、输出功率大（1～250W）、跨导线性好、开关速度快等特点。

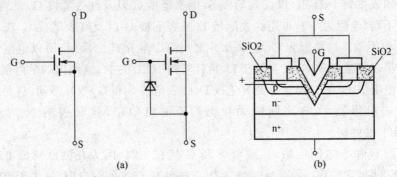

图7-6　VMOS 场效应晶体管符号、结构

(a)符号　(b)结构

大功率 VMOS 场效应晶体管主要参数如下。

①最大漏极电流 I_{DM}。漏极电流 I_{DM} 表征功率 MOSFET 的电流容量,其测量条件为 $U_{GS}=10V$, U_{DS} 为某个适当值时的漏极电流。

②漏源击穿电压 U_{DSM}。漏源击穿电压 U_{DSM} 表征功率 MOSFET 的耐压极限定量分析规定为 $U_{GS}=0$ 时,漏源之间的反向泄漏电流达到某一规定值时的漏源电压。

③跨导 gm。$gm=\Delta I_D/\Delta U_{GS}$,它反映转移特性的斜率,表征功率 MOSFET 的放大性能。

④极间电容。功率 MOSFET 的极间电容是影响开关速度的主要因素,它们分别是栅极源极间电容 C_{GS},栅极漏极间电容 C_{GD},漏极源极间电容 C_{DS}。

⑤阀值电压 $U_{GS(tb)}$。阀值电压 $U_{GS(tb)}$ 指功率 MOSFET 流过一定量的漏极电流时的最小栅源电压。当栅源电压等于阀值电压 $U_{GS(tb)}$ 时,MOSFET 开始导通。

⑥栅源击穿电压 U_{GS}。栅源击穿电压 U_{GS} 表征功率 MOSFET 栅源间能承受的最高电压,其值一般为 $\pm20V$。

⑦开关时间。它包括导通时间 t_{on} 和关断时间 t_{off}。导通时间 t_{on} 又包含导通延迟时间 t_d 和上升时间 t_r。关断时间 t_{off} 又包含关断延迟时间 t_d 和下降时间 t_f。

⑧通态电阻 R_{ON}。通态电阻是指在确定的栅源电压 U_{GS} 下,MOSFET 处于恒流区时的直流电阻,决定 MOSFET 的导通损耗。

问 11. 大功率 MOSFET 场效应晶体管如何检测?

功率 MOSFET 的 3 个极:G 与 S 和 D 是相互绝缘的,D 与 S 之间有两个背对背的二极管,所以用指针式万用表(R×1K 挡)是很容易来判别其好坏。另外,功率 MOSFET 的漏极及源极之间并联了一个二极管,则在测试时可测出二极管的阴极及阳极。下面以测 N 沟道的好坏为例说明其判别方法。

万用表拨到 1kΩ 挡,以红表笔接 S,黑表笔接 G 以及红表笔接 G,黑表笔接 S 时指针不动(电阻为∞);再用红表笔接 D 黑表笔接 G 以及红表笔接 G,黑表笔接 D,指针也不动。这是因为 G 与 D 及 S 之间有二氧化硅绝缘层,所以电阻为无穷大。用黑表笔接 S 和 G,红表笔接 D,指针转到 10kΩ 左右,这测出的是内部二极管的正向电阻值(保护二极管);黑表笔接 D、红表笔接 S 和 G,指针不动,这是内部二极管反向电阻及 D、S 之间的无导电沟道时电阻值,这时表明 N 沟道功率 MOSFET 是好的。

在测 D 和 S 之间电阻时,要将 S 和 G 接在一起,因为在测低阈值电压功率 MOSFET 时,它的 $V_{GS(Th)}=0.45\sim1V$。在测 G 与 S 间的电阻时,由于电阻表中有 1.5V 的电压,在 G 与 S 极间加了 1.5V 电压,使其在两个极板上产生电荷,从而产生了导电沟道。由于没有放电通路,电荷放不掉,所以若在测 G、S 之间的电阻后,不将 G 与 S 连接在一起放掉电荷,则会测出 D、S 间电阻很小的情况(因为表内 1.5V 电池电压加在 D、S 极和 G、S 极产生的感应电荷已形成导电沟道,所以测出电阻很小的情况。而 G、S 连在一起,则形成放电回路,无导通条件)。同前面普通 MOS 管测量。

若用上法测量时发现 G 与 S 之间或 G 与 D 之间电阻较小,或 G、S 接红表笔,D 接黑表笔时,电阻不是无穷大(几十千欧或几百千欧),则此 N 管已有损坏。若测 D、S 之间(红、黑对调测量)都是无穷大,则其中二极管损坏。测 P 管的方法与测 N 管相同,但极性相反。

问 12. 什么是 IGBT(绝缘栅双极型晶体管)?

绝缘栅双极型晶体管 IGBT 是由功率 MOSFET 与双极型晶体管 GTR 复合而成的,它综合了场效应晶体管开关速度快、控制电压低和双极型晶体管电流大、反压高、导通时压降小等优点。目前国外高压 IGBT 模块的电流/电压容量已达 2000A/3300V,开关速度快,工作频率最高可达 150kHz,广泛应用于电动机变频调速控制、程控交换机电源、计算机系统不停电电源 UPS、变频空调器、数控机床伺服控制等领域。

图 7-7 所示为 IGBT 电路符号图,图 7-8 所示为绝缘栅型场效应晶体管结构及等效电路图。其基本结构如图 7-8a 所示,是由栅极 G、发射极 E、集电极 C 组成的三端电压控制器件,常用 N 沟道 IGBT 内部结构简化等效电路如图 7-8b 所示,其封装与普通双极型大功率晶体管相同,有多种封装形式。

简单来说,IGBT 等效成一个由 MOSFET 驱动的厚基区 PNP 晶体管。N 沟道 IGBT 简化等效电路中，R_N 为 PNP 管基区内的调制电阻，由 N 沟道 MOSFET 和 PNP 晶体管复合而成，开通和关断由栅极和发射极之间驱动电压 U_{GE} 决定，当栅极和发射极之间驱动电压 U_{GS} 为正且大于栅极开启电压 $U_{GE}(th)$ 时，MOSFET 内形成沟道并为 PNP 晶体管提供基极电流，进而使 IGBT

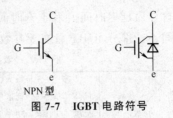

NPN型

图 7-7　IGBT 电路符号

导通。此时，从 P＋区注入 N－的空穴(少数载流子)对 N 区进行电导调制，减少 N－区的电阻 R_N，使高耐压的 IGBT 也具有很小的通态压降。当栅射极间不加信号或加反向电压时，MOSFET 内的沟道消失，PNP 晶体管的基极电流被切断，IGBT 即关断。

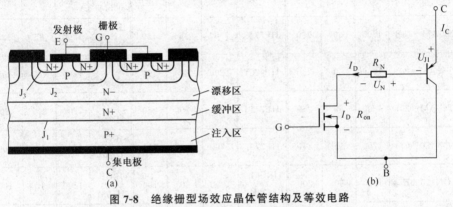

图 7-8　绝缘栅型场效应晶体管结构及等效电路

(a)结构　(b)简化等效电路

问 13. 绝缘栅双极型晶体管 IGBT 主要参数有哪些？

①最大集电极电流 I_{CM}。I_{CM} 表示 IGBT 的电流容量，分为直流条件下的 I_C 和 1ms 脉冲条件下的 I_{CP}。

②栅极－发射极开启电压 $U_{GE}(th)$ $U_{GE}(th)$ 指 IGBT 器件在一定的集电极－发射极电压 U_{CE} 下，流过一定的集电极电流 I_C 时的最小开栅电压。当栅源电压等于开启电压 $U_{GE}(th)$ 时，IGBT 开始导通。

③栅极－发射极击穿电压 U_{GEM}。U_{GEM} 表示 IGBT 栅极－发射极之间能承受的最高电压，其值一般为±20V。

④集电极－发射极最高电压 U_{CES}。U_{CES} 表示 IGBT 集电极－发射极的耐压能力。目前 IGBT 耐压等级有 600V、1000V、1200V、1400V、1700V、3300V。

⑤集电极最大功耗 P_{CM}。P_{CM} 表示 IGBT 最大允许功能。

⑥输入电容 C_{ies}。C_{ies} 指 IGBT 在一定的集电极－发射极电压 U_{CE} 和栅极－发射极电压 $U_{GE}=0$ 下，栅极－发射极之间的电容，表征栅极驱动瞬态电流特征。

⑦开关时间。开关时间包括导通时间 t_{on} 和关系时间 t_{off}。导通时间 t_{on} 又包

含导通延迟时间 t_d 和上升时间 t_r。关断时间 t_{off} 又包含关断延迟时间 t_d 和下降时间 t_f。部分 IGBT 管主要参数见表 7-2。

表 7-2　部分 IGBT 管主要参数

型号	最高反压 V_{ces}(v)	最大电流 I_{cm}(A)	最大耗散功率 P_{cm} (W)	型号	最高反压 V_{ces}(v)	最大电流 I_{cm}(A)	最大耗散功率 P_{cm} (W)	型号	最高反压 V_{ces}(v)	最大电流 I_{cm}(A)	最大耗散功率 P_{cm} (W)
APT50GF100BN	1000	50	245	GT40Q321	1500	40	300	IRGKIK025M12	1200	50	365
CT15SM−24C	1200	15	250	GT60M302	1000	75	300	IRGKIK050M12	1200	100	455
T60AM−18B	1000	60	200	HF7749	1200	15	150	IRGNIN025M12	1200	35	355
T60AM−20	1000	60	250	HF7751	1200	30	200	IRGNIN050M12	1200	100	455
CT60AM−20D	1000	60	250	HF7753	1200	50	250	IRGPH20M	1200	8.9	60
GN12015C	1200	15	150	HF7757	1700	20	150	IRGPH30K	1200	11	100
GN12030E	1200	30	200	IRG4PH30K	1200	20	100	IRGPH30M	1200	15	100
GN12050E	1200	50	250	IRG4PH30KD	1200	20	100	IRGPH40K	1200	19	160
GT8N101	1000	8	100	IRG4PH40K/KU	1200	30	160	IRGPH40M	1200	28	160
GT8Q101/102	1200	8	100	IRG4PH40KD/DD	1200	30	160	IRGPH50K	1200	36	200
GT15Q101	1200	15	150	IRG4PH50K/U	1200	45	200	IRGPH50KD	1200	36	200
GT15N101	1000	15	150	IRG4PH50KD/UD	1200	45	200	IRGPH50M	1200	42	200
GT25Q101	1200	25	200	IRG4PH50S	1200	57	200	IRGVH50F	1200	45	200
GT40T101	1500	40	300	IRG4ZH50KD	1200	54	210	IXGH10N100AUI	1000	10	100
GT40T301	1500	40	300	IRG4ZH70UD	1200	78	350	IXGH10N100UI	1000	20	100

续表 7-2

参数 型号	最高 反压 $V_{ces}(v)$	最大 电流 $I_{cm}(A)$	最大 耗散 功率 P_{cm} (W)	参数 型号	最高 反压 $V_{ces}(v)$	最大 电流 $I_{cm}(A)$	最大 耗散 功率 P_{cm} (W)	参数 型号	最高 反压 $V_{ces}(v)$	最大 电流 $I_{cm}(A)$	最大 耗散 功率 P_{cm} (W)
GT40N150D	1500	40	300	IRGI50F	1200	45	200	IXGH 17N100 A/AUI	1000	17	150

说明：表 7-2 中均为 NPN 型 IGBT 管。表中的最高反压指 V_{ces}（即集电极与发射极之间的反向击穿电压），对于同一管子而言，它低于 V_{cbs}（集电极与基极之间的反向击穿电压）；最大电流指 I_{CM}（集电极最大输出电流）；最大耗散功率指 P_{CM}（集电极最大耗散功率）。

问 14. IGBT 及 IGBT 模块如何应用？

（1）IGBT 模块的选定

在使用 IGBT 模块的场合选择何种电压，电流规格的 IGBT 模块，需要做周密的考虑。

①电流规格。IGBT 模块的集电极电流增大时，$V_{ce}(-)$上升，所产生的额定损耗也变大。同时，开关损耗增大，元件发热加剧。因此，根据额定损耗、开关损耗所产生的热量，控制器件结温（T_j）在 150℃ 以下（通常为安全起见，以 125℃ 以下为宜），请使用这时的集电流以下为宜。特别是用作高频开关时，由于开关损耗增大，发热也加剧，需十分注意。

一般来说，要将集电极电流的最大值控制在直流额定电流以下使用，从经济角度这是值得推荐的。

②电压规格。IGBT 模块的电压规格与所使用装置的输入电源即市电电源电压紧密相关。表 7-3 为电源电压与元器件电压关系。

表 7-3　电源电压与元器件电压关系

元器件电压规格		
600V	1200V	1400V
电源 电压		
200V；220V；230V；240V	346V；350V；380V；400V；415V；440V	575V

（2）防止静电

IGBT 的 V_{ce} 的耐压值为±20V，在 IGBT 模块上加出了超出耐压值的电压的场合，由于会导致损坏的危险，因而在栅极—发射极之间不能超出耐压值的电压，这点请注意。

在使用装置的场合,如果栅极回路不合适或者栅极回路完全不能工作时(栅极处于开路状态),若在主回路上加上电压,则 IGBT 就会损坏。为防止这类损坏情况发生,应在栅极—发射极之间接一只 10kΩ 左右的电阻为宜。

此外,由于 IGBT 模块为 MOS 结构,对于静电需注意以下几点。

①在使用模块时,手持分装件时,请勿触摸驱动端子部分。

②在用导电材料连接驱动端子的模块时,在配线未布好之前,请先不要接上模块。

③尽量在底板良好接地的情况下操作。

④当必须要触摸模块端子时,应先将人体或衣服上的静电放电后再触摸。

⑤在焊接作业时,焊机与焊槽之间的漏泄容易引起静电的产生,为了防止静电的产生,请先将焊机处于良好的接地状态下。

⑥装部件的容器,选用不带静电的容器。

(3)并联问题

用于大容量逆变器等控制大电流场合使用 IGBT 模块时,可以使用多个器件并联。

并联时,要使每个器件流过均等的电流是非常重要的,如果一旦电流平衡达到破坏,那么过于集中的那个器件将可能被损坏。

为使并联时电流能平衡,应适当改变器件的特性及接线方法。例如:挑选器件的 $V_{ce}(sat)$ 相同的并联是很重要。

(4)其他注意事项

①保存半导体元件的场所的温度、湿度,应保持在常温常湿状态,不应偏离太大。常温的规定为 5℃～35℃,常湿的规定为 45～75%。

②开、关时的浪涌电压的测定,请在端子处测定。

问 15. 如何测量 IGBT?

(1)不带阻尼管测量　用万用表 R×10kΩ 挡任意测三个脚正、反电阻,其中有一个脚与另两个脚均为无穷大,此脚为 G,另两脚即为 C 和 E。测试中有两个脚有一定阻值,阻值小的一次,如 NPN 型管,则黑表笔所接为 E,红表笔所接为 C;PNP 型则相反。

(2)加有阻尼管的测量　用 R×10～R×100 挡测三个电极。其中一次阻值为几百欧,另一次为几千欧,此两脚即为 C、E,且阻值小的一次,黑表笔所接为 E 极,红表笔为 C 极,另一脚为 B 极(G 极)。

在上述两项测试中,如 CB、CE 的正、反电阻均很小或为零,则击穿;CE 阻值为无穷大,则为开路。

（3）IGBT 模块检测

测量时，利用万用表 R×10 挡，测 IGBT 的 C-E、C-B 和 B-E 之间的阻值，应与加有阻尼管的阻值相符。若该 IGBT 组件失效，集电极和发射极、集电极和栅极间可能存在短路现象。（注意：IGBT 正常工作时，栅极与发射极之间的电压约为 9V，发射极为基准。）

若采用在路测量法，则应先断开相应引脚，以防电路中因内阻影响造成误判断。

第8章 晶 闸 管

问 1. 什么是晶闸管? 在电路中有哪些作用?

晶闸管又称可控硅,是一种可控整流器件,晶闸管用字母 VS 表示,它除了有单向导电的整流作用外,还可以作为可控开关使用。晶闸管最主要的特点是能用微小的功率控制较大的功率,因此常用于电动机驱动控制电路,以及在电源中作过载保护器件等。

问 2. 晶闸管怎样分类?

表 8-1 为晶闸管的分类,图 8-1 为常见晶闸管的外形图。

表 8-1 晶闸管的分类

晶闸管	单向晶闸管	
	双向晶闸管	
	特种晶闸管	快速晶闸管
		可关断晶闸管
		逆导晶闸管
		光控晶闸管

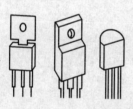  

螺栓型普通可控硅

图 8-1 常见晶闸管外形

问 3. 单向晶闸管和双向晶闸管有哪些参数?

(1)门极触发电流 I_{GT} 门极触发电流是指在规定环境温度和晶闸管阳极与阴极之间正向电压为一定值的条件下,使晶闸管从关断状态转变为导通状态所需要的最小门极直流电流。

(2)通态平均电流 I_T 通态平均电流是指在规定环境温度和标准散热条件下,晶闸管正常工作时 A、K(或 T1、T2)极间所允许通过电流的平均值。

(3)正向转折电压 U_{BO} 正向转折电压是指在额定环境温度 100℃ 且门极 G 开路的条件下,在其阳极 A 与阴极 K 之间加正弦半波正向电压,使其由关断状态转变为导通状态时所对应的峰值电压。

(4)反向击穿电压 U_{BR} 反向击穿电压指在额定结温下,晶闸管阳极与阴极之间施加正弦半波反向电压,当其反向漏电电流急剧增加时所对应的峰值电压。

(5)反向重复峰值电压 U_{RRM}　反向重复峰值电压是指晶闸管在门极 G 开路时,允许加在 A、K 极间的最大反向峰值电压。此电压约为反向击穿电压减去 100V 后的峰值电压。

(6)断态重复峰值电压 U_{DRM}　断态重复峰值电压是指晶闸管在正向关断时,允许加在 A、K(或 T1、T2)极间最大的峰值电压。此电压约为正向转折电压 U_{BO} 减去 100V 后的电压值。

(7)门极触发电压 U_{GT}　门极触发电压是指在规定的环境温度和晶闸管阳极与阴极之间正向电压为一定值的条件下,使晶闸管从关断状态转变为导通状态所需要的最小门极直流电压,一般为 1.5V 左右。

(8)反向重复峰值电流 I_{RRM}　反向重复峰值电流是指晶闸管在关断状态下的反向最大漏电电流值,一般小于 100 μA。

(9)门极反向电压　门极反向电压是指晶闸管门极上所加的额定电压,一般不超过 10V。

(10)正向平均电压降 U_F　正向平均电压降也称通态平均电压或通态压降电压,它是指在规定环境温度和标准散热条件下,当通过晶闸管的电流为额定电流时,其阳极 A 与阴极 K 之间电压降的平均值,通常为 0.4~1.2V。

(11)维持电流 I_H　维持电流是指维持晶闸管导通的最小电流,当正向电流小于 I_H 时,导通的晶闸管会自动关断。

(12)断态重复峰值电流 I_{DR}　断态重复峰值电流是指晶闸管在断开状态下的正向最大平均漏电电流值,一般小于 100μA。

(13)通态峰值电压 U_{TM}　通态峰值电压是指规定为额定电流时的管子导通的管压降峰值。一般为 1.5~2.5V,且随阳极电流的增加而略微增加。

常用型号晶闸管参数见表 8-2、表 8-3。

表 8-2　KP 普通晶闸管参数表(螺栓型)

型号	$I_{T(AV)}$	R_{TM}	U_{DRM} U_{RRM}	I_{DRM} I_{RRM}	T_3	U_{GT}	I_{GT}
	A	V	V	mA	℃	V	mA
KP10	10	≤2.0		≤5		≤2.5	≤100
KP20	20	≤2.0		≤5	−40	≤2.5	≤100
KP30	30	≤2.0		≤10	~	≤2.5	≤150
KP50	50	≤2.0	100	≤10	115	≤2.5	≤150
KP100	100	≤2.2	~	≤20		≤3.0	≤200
KP150	150	≤2.2	2400	≤20		≤3.0	≤200
KP200	200	≤2.2		≤30	125	≤3.0	≤200
KP300	300	≤2.2		≤30	125	≤3.0	≤200

表 8-3 KP 普通晶闸管参数表（平板型）

型号	$I_{T(AV)}$	V_{TM}	V_{DRM} V_{RRM}	I_{DRM} I_{RRM}	T_3	V_{GT}	I_{GT}
	A	V	V	mA	℃	V	mA
KP100	100	≤2.2		≤40		≤3.5	
KP200	200	≤2.3		≤40		≤3.5	
KP300	300	≤2.3		≤50		≤3.5	
KP400	400	≤2.4		≤50		≤3.5	
KP500	500	≤2.4		≤60		≤3.5	
KP600	600	≤2.4	100	≤60	−40	≤3.5	10
KP800	800	≤2.5	~	≤80	~	≤3.5	~
KP1000	1000	≤2.5	2500	≤80	125	≤3.5	350
KP1200	1200	≤2.6		≤100		≤3.5	
KP1500	1500	≤2.6		≤100		≤3.5	
KP2000	2000	≤2.6		≤120		≤3.5	
KP2500	2500	≤2.6		≤120		≤3.5	
KP3000	3000	≤2.6		≤150		≤3.5	

问 4. 什么是单向晶闸管？

单向晶闸管简称 SCR，它是一种由 PNPN 四层半导体材料构成的三端半导体器件，三个引出电极的名称分别为阳极 A、阴极 K 和门极 G（又称控制极）。单向晶闸管的阳极与阴极之间具有单向导电的性能，其内部电路可以等效为由一只 PNP 晶体管和一只 NPN 晶体管组成的复合管，单向晶闸管的内部结构、等效电路及电路原理图中的符号如图 8-2 所示。

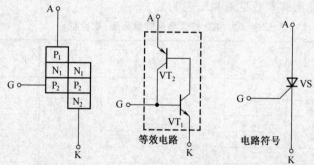

图 8-2 单向晶闸管的内部结构、等效电路及电路原理图的符号

由图 8-2 可以看出，当单向晶闸管阳极 A 端接负电源、阴极 K 端接正电源时，不管门极 G 加上什么极性的电压，单向晶闸管阳极 A 与阴极 K 之间均处

于断开状态。当单向晶闸管阳极 A 端接正电源、阴极 K 端接负电源时,只要其门极 G 端加上一个合适的正向触发电压信号,单向晶闸管阳极 A 与阴极 K 之间就会由断开状态转为导通状态(阳极 A 与阴极 K 之间呈低阻导通状态,A、K 极之间压降为 0.8~1V)。若门极 G 所加触发电压为负,则单向晶闸管也不能导通。

单向晶闸管一旦受触发导通后,即使取消其门极 G 端的触发电压,只要阳极 A 端与阴极 K 端之间仍保持正向电压,晶闸管将维持低阻导通状态。只有将阳极 A 端的电压降低到某一临界值或改变阳极 A 端与阴极 K 端之间电压极性(如交流过零)时,单向晶闸管阳极 A 与阴极 K 之间才由低阻导通状态转换为高阻断开状态。单向晶闸管一旦为断开状态,即使在其阳极 A 端与阴极 K 端之间又重新加上正向电压也不会再次导通,只有在门极 G 端与阴极 K 端之间重新加上正向触发电压后方可导通。

问 5. 如何检测单向晶闸管?

(1) 判定各电极

①外观识别。常用单向晶闸管各电极排列如图 8-3 所示。

②万用表检测。由单向晶闸管的结构图可知,它的门极 G 与阴极 K 之间是一个 PN 结,阳极 A 与门极 G 之间有两个反极性串联的 PN 结。因此,用万用表 R× 100 挡可以很方便地判定出门极 G、阴极 K 与阳极 A。将黑表笔任接某一电极,红表笔依次去触碰另外两个电极。如测量结果有一次阻值为几百欧,即可判定黑表笔所接是门极 G。在阻值为几百欧的测量中,红表笔接的便是阴极 K,另一个电极则是阳极 A。(A 与 K,G 正、反均不通。)

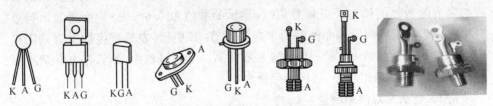

图 8-3　常用单向晶闸管各电极排列

(2) 判断好坏　检测触发能力。根据单向晶闸管的导通截止条件,可分以下三种情况对其进行检测。

①用万用表检测。将万用表置于 R×10 挡,红表笔接阴极 K,黑表笔接阳极 A,此时万用表指针不动。用黑表笔接触门极 G(黑表笔移动时不能离开阳极 A),使门极 G 与阳极 A 短路,即给门极 G 加上了正向触发电压。此时,万用表指针明显向右摆动,并停在几欧至十几欧处,表明晶闸管因正向触发而导通。接着,保持红、黑表笔接法不变,将黑表笔离开门极 G(黑表笔在移动过程中不能离开阳极

A），这时若万用表的指针仍保持在几欧至几十欧的位置不动，则说明晶闸管的性能良好；如表针返回到零位，则为坏。

②用测试电路法检测。图 8-4 所示为晶闸管测试电路。利用该电路可迅速找出单（双）向晶闸管的极性及判断其好坏。

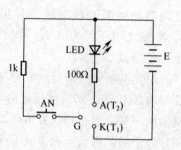

图 8-4 晶闸管测试电路

图 8-4 中，A(T_2)、K(T_1)、G 分别为三个小插孔，LED 是一只红色发光二极管，E 为 6～9V 层叠电池，AN 是一只小型常开式按钮。使用方法如下。

a. 判断单向晶闸管极性。将不明极性晶闸管的三脚任意插入三孔中，若 LED 立即发光，则表明 A 孔插的是 G 极（控制极），K 孔插的是 K 极（阴极），G 孔插的是 A 极（阳极）。若插入后 LED 不亮，按一下 AN，LED 发光，松开 AN 后，LED 发光，则表明 A 孔是 A 极，K 孔是 K 极，G 孔是 G 极。其他情况下根据工作原理亦能方便地判断。

b. 判断单向晶闸管好坏。将 A 极、K 极和 G 极分别插入 A、K、G 三孔，LED 应不亮，按一下 AN 后松开，LED 被点亮，直至断电，此时表明器件是好的。

③用数字万用表检测。将数字万用表拨至二极管挡，红表笔任意固定接在某个引脚上，用黑表笔依次接触另外两个引脚。如果在两次测试中，一次显示值小于 1V，另一次显示溢出符号"OL"或"1"（视不同的数字万用表而定），表明红表笔接的引脚是阴极 K。若红表笔固定接一个引脚，黑表笔接第二个引脚时显示的数值为 0.6～0.8V，黑表笔接第三个引脚显示溢出符号"OL"或"1"，且红表笔所接的引脚与黑表笔所接的第二个引脚对调时，显示的数值由 0.6～0.8V 变为溢出符号"OL"或"1"时 就可判定该晶闸管为单向晶闸管，其中，红表笔所接的引脚是阴极 K，第二个引脚为门极 G，第三个引脚为阳极 A。上述过程中，不管是怎样调换引脚，均显示溢出或阻值很小，则该晶闸管为坏。

问 6. 什么是双向晶闸管？

双向晶闸管（TRIAC）是在单向晶闸管的基础上研制的一种新型半导体器件，它是由 NPNPN 五层半导体材料构成的三端半导体器件，其三个电极分别为主电极 T_1、主电极 T_2 和门极 G。

双向晶闸管的阳极与阴极之间具有双向导电的性能，其内部电路可以等效为两只普通晶闸管反向并联组成的组合管，双向晶闸管的内部结构、等效电路及电路符号如图 8-5 所示。

双向晶闸管的伏安特性如图 8-6 所示。性能良好的双向晶闸管，其正、反向特性曲线具有很好的对称性。

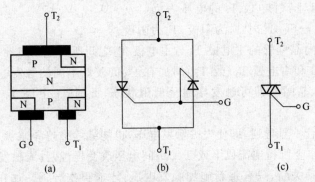

图 8-5 双向晶闸管的内部结构、等效电路及其在电路符号

(a)内部结构 (b)等效电路 (c)电路符号

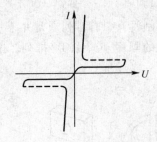

图 8-6 双向晶闸管的伏安特性

双向晶闸管可以双向导通,即不论门极 G 端加上正还是负的触发电压,均能触发双向晶闸管在正、反两个方向导通,故双向晶闸管有四种触发状态,如图 8-7 所示。

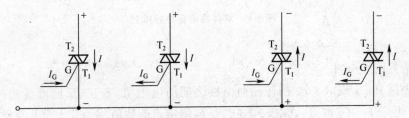

图 8-7 双向晶闸管的四种触发状态

当门极 G 和主电极 T_2 相对于主电极 T_1 的电压为正($V_{T2} > V_{T1}$、$V_G > V_{T1}$)或门极 G 和主电极 T_1 相对于主电极 T_2 的电压为负($V_{T1} < V_{T2}$、$V_G < V_{T2}$)时,晶闸管的导通方向为 $T_2 \rightarrow T_1$,此时 T_2 为阳极,T_1 为阴极。

当门极 G 和主电极 T_1 相对于主电极 T_2 为正($V_{T1} > V_{T2}$、$VG > V_{T2}$)或门极 G

和主电极 T_2 相对于主电极 T_1 的电压为负（$V_{T2} < V_{T1}$、$V_G < V_{T1}$）时，则晶闸管的导通方向为 $T_1 \rightarrow T_2$，此时 T_1 为阳极，T_2 为阴极。

不管是双向晶闸管的主电极 T_1 与主电极 T_2 之间所加电压极性是正向还是反向，只要门极 G 和主电极 T_1（或 T_2）间加有正、负极性不同的触发电压，满足其必需的触发电流，晶闸管即可触发导通呈低阻状态，此时，主电极 T_1、T_2 间的压降约 1V。

双向晶闸管一旦导通，即使失去触发电压，也能继续维持导通状态。当主电极 T_1、T_2 电流减小至维持电流以下或 T_1、T_2 间电压改变极性，且无触发电压时，双向晶闸管即可自动关断，只有重新施加触发电压，才能再次导通。加在门极 G 上的触发脉冲的大小或时间改变时，其导通电流就会相应地改变。

问 7. 如何识别与检测双向晶闸管？

（1）双向晶闸管引脚的识别

不同公司生产的单向晶闸管其引脚排列通常并不一致，多数为电极引脚向下，面对有字符的一面按左至右的顺序 T_2、G、T_1 排列。图 8-8 所示为双向晶闸管电极排列图。

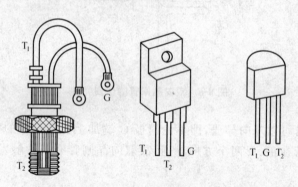

图 8-8　双向晶闸管电极排列

（2）双向晶闸管的检测

① 万用表检测。

先用 R×1 或 R×10 挡任测两个极之间的电阻值，若正、反向测量指针均不动，可能是 T_2、T_1 或 T_2、G 极。若正、反向测指示的数值均为几十至几百欧，其中必有一次阻值稍大，阻值稍大的一次红表笔接的为门极 G，黑表笔所接为主电极 T_1，余下是主电极 T_2。

用数字万用表检测时，将数字万用表拨至二极管挡，红表笔任意固定接在某个引脚上，用黑表笔依次接触另外两个引脚。如果在两次测试中，一次显示值小于 1V，另一次显示溢出符号"OL"或"1"（视不同的数字万用表而定），表明红表笔接

的引脚是主电极 T_2。

若红表笔固定接一个引脚,黑表笔接第二个引脚时显示的数值为 $0.2\sim0.6V$,黑表笔接第三个引脚显示溢出符号"OL"或"1",且红表笔所接的引脚与黑表笔所接的第二个引脚对调时,显示的数值固定为 $0.2\sim0.6V$,其中红表笔所接的引脚是主电极 T_2,第二个引脚为门极 G,第三个引脚为主电极 T_1。

判断好坏。用万用表 $R\times1$ 或 $R\times10$ 挡测量 T_1 与 T_2 之间、T_2 与 G 之间的正、反向电阻值,正常时应接近为无穷大,如果测得的电阻值都很小,则说明被测双向晶闸管电极间已经短路;用同样的方法测量 T_1 和 G 之间的正、反向电阻值时应为几十至一百欧,若测得两者间的正、反向电阻值非常大甚至为无穷大,则说明被测管内部已经断路损坏。

检测触发能力。用万用表 $R\times1$ 或 $R\times10k\Omega$ 挡(大功率时用 $10k\Omega$ 挡,表内电池电压高)。具体方法如下:

G 极加正触发信号。万用表选用 $R\times1$ 挡,红表笔接 T_1 极,黑表笔接 T_2 极,然后使 T_2 极与 G 极短路,此时即给 G 加上了正极性触发信号,表针向右摆动,说明管子已经导通,导通方向为 $T_2\to T_1$。接着将 G 极脱开,若电阻值仍保持不变,则说明被测双向晶闸管经触发之后,在 $T_2\to T_1$ 方向上能维持正常的导通状态。

G 极加负触发信号。仍使用 $R\times1$ 或 $R\times10k\Omega$ 挡测量。先将黑表笔接 T_1 极,红表笔接 T_2 极,此时阻值为无穷大。然后使 T_2 与 G 短路,给 G 加上负极性触发信号,此时万用表指针应向右摆动,说明被测双向晶闸管已经导通,导通方向为 $T_1\to T_2$。接着使 G 极脱开,若电阻值仍保持不变,表明晶闸管在触发之后仍能维持导通状态。

在上述测量时,若给 G 极加上触发电压(G 与 T_2 短接)后,双向晶闸管不能导通或者在 G 极去掉触发电压(G 脱开)后不能继续维持导通状态,则说明其性能不良或已经损坏。但测试时应注意,万用表内装的电池不应低于 $1.5V$,以提供足够的测试电流,从而满足晶闸管的导通要求,使测试结果准确可靠,防止产生误判。

②电路法检测。图 8-4 所示为晶闸管测试电路,该电路可迅速找出双向晶闸管的极性或判断其好坏,使用方法如下。

判断双向晶闸管极性。将不明极性的晶闸管任意插入 T_2、T_1、G 三孔中,若 LED 不亮,按一下 AN 并松开,LED 被点亮,此情况表明 T_2、T_1、G 三孔对应的是 T_2、T_1、G 三极。若插入后 LED 发光,将插 $A(T_2)$、$K(T_1)$ 两孔的两脚对调后插入,LED 仍发光,说明此两种情况下插 G 孔的是 T_2 极,再依上法便可很快找到其他电极。其他情况亦可根据其工作原理进行判断。

判断双向晶闸管好坏。将 T_2、T_1、G 极对应插入 T_2、T_1、G 孔，按一下 AN 再松开，LED 被触发发光，表明该晶闸管是好的。

问 8. 什么是光控晶闸管？

光控晶闸管俗称光控可控硅，是一种光控元件，电路结构简单，可直接驱动大功率用电电路。

光控晶闸管是由四层 PNPN 器件构成，通常普通晶闸管有三个电极：控制极 G、阳极 A、阴极 K。而光控晶闸管由于其控制信号来自光的照射，所以一般没有必要再引出门极，只有阳极 A 与阴极 K，但它的结构与普通晶闸管保持一致，图 8-9 所示为光控晶闸管的电路符号、内部结构及外形，大功率光控晶闸管除有一个阳极 (A) 和一个阴极 (K) 外，还带有光缆，光缆上装有作为触发光源的发光二极管或半导体激光器。但为了与光敏二极管的图形符号有所区别，所以在绘制图形符号时保留门极。

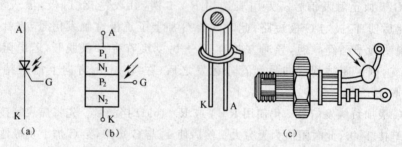

图 8-9　光控晶闸管电路符号、内部结构及外形
(a) 电路符号　(b) 内部结构　(c) 外形

图 8-10 所示为光控晶闸管的伏安特性曲线图，它的特点如下。

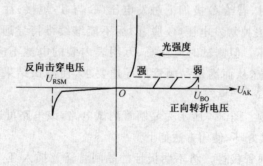

图 8-10　光控晶闸管的伏安特性曲线

①光控晶闸管伏安特性曲线与单向晶闸管相似，只是用光触发替代了栅极的电触发。

②当光强度增大时，正向转折电压下降。

③管子导通后,其两端压降很低,同时呈低内阻状态。

④在管子导通后,即使无光照,管子也不会关断,而保持导通状态;只有在阳极与阴极之间加上反向电压或阳极电流降低到一定值时,管子才会关断。

问 9. 怎样检测光控晶闸管?

不管是两只脚还是三只脚的光控晶闸管,检测时,首先将受光窗口用黑纸片粘胶带盖住,用万用表 $R \times 1 \sim R \times 10\Omega$ 挡测量阴极 K 与阳极 A 的正、反电阻,阻值应很大,如阻值较小或为零,则说明晶闸管已损坏。然后去掉黑纸片或黑胶带,用一光源照射窗口,测阳极与阴极的阻值,应很快减小,如仍很大,则坏。

问 10. 什么是四端小功率晶闸管?

四端小功率晶闸管也叫硅控制开关(SCS),是一种多功能半导体器件。图 8-11所示是四端小功率晶闸管的内部结构、等效电路和电路符号图。由内部结构图可见,它是一种 PNPN 四层四端器件,四个引出端分别是阳极 A、阳极门极 G_A、阴极 K 和阴极门极 G_K。由等效电路可知,四端小功率晶闸管是由一只 PNP 晶体管 V_1 和一只 NPN 晶体管 V_2 组成,它的灵敏度极高,门极触发电流极小,仅几微安,开、关时间 t_{ON} 和 t_{OFF} 都极短。

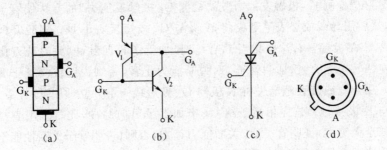

图 8-11　四端小功率晶闸管的内部结构、等效电路和电路符号

(a)内部结构　(b)等效电路　(c)电路符号　(d)四端晶闸管管脚排列底视图

四端小功率晶闸管的突出特点是使用灵活方便。由内部结构和等效图可知,改变四个引脚的连接方式便可实现多种半导体器件的电路功能。

问 11. 怎样检测四端小功率晶闸管?

表 8-4 为四端小功率晶闸管各电极间电阻值。

表 8-4　四端小功率晶闸管各电极间电阻值

黑表笔	A	G_A	G_K	G_A	G_K	K
红表笔	G_A	A	G_A	G_K	K	G_K
电阻值(kΩ)	4~12	∞	2~10	∞	4~12	∞

（1）检测 PN 结的单向导电性能　将万用表置于 R×1K 挡，分别测量 A-G_A、G_K-G_A、G_K-K 之间的正、反向电阻。应符合表 8-4 所列阻值。若测得某对电极之间的正、反向电阻值均很小或均很大（即正、反向阻值差很小），则说明该 PN 结单向导电性能较差甚至已经击穿或烧断，不能使用。

（2）检测触发导通性能

①检测 G_A 极触发能力。将万用表置于 R×1kΩ 挡，黑表笔接 A 极，红表笔接 K 极，电阻应为无穷大，即管子为关断状态。用红表笔笔尖瞬间短接 K 极与 G_A 极（注意，红表笔要始终与 K 极接触），给 G_A 极加上负脉冲，此时若万用表指针大幅度向右摆动，阻值迅速减小，则管子被触发导通，性能良好。若表针不动，则管子 G_A 极触发能力不正常。

② 检测 G_K 极触发能力。将万用表置于 R×1kΩ 挡，黑表笔接 A 极，红表笔接 K 极，此时电阻为无穷大，说明管子处于关断状态。用黑表笔笔尖将 A 极与 G_K 极瞬间短接（注意，黑表笔要始终与 A 极接触），即相当于给 G_K 极加上了正脉冲，此时若万用表指针大幅度向右摆，阻值迅速减小，则管子被触发导通，性能良好。若表针不动，则管子的 G_K 极触发能力不正常。

③检测关断性能。检测 G_A 极加正脉冲检测关断能力和 G_K 极加负脉冲检测关断能力时，按"检测 G_A 极触发能力"或"检测 G_K 极触发能力"的方法使管子处于导通状态，然后用导线或黑表笔笔尖将 A 极与 G_A 极短接一下并立即脱开（注意，黑表笔始终与 A 极接触），这样相当于给 G_A 极加上了正向脉冲，此时若万用表指针迅速向左回转至无穷大，证明管子 G_A 关断能力正常，否则说明被测管子的关断性能不良。用导线或红表笔笔尖将 K 极与 G_K 极短接一下并立即脱开（注意，红表笔要始终与 K 极接触），这样相当于给 G_K 极加上了负向脉冲，此时万用表指针迅速向左回转至无穷大，证明管子 G_K 关断能力正常，否则，说明管子关断性能不良。

④检测反向导通特性（逆导性）。将 A 与 G_A、K 与 G_K 分别短接，此时，A 与 K 之间实质上只有两个并联的 PN 结，A 极接 PN 结的负极，K 极接 PN 结的正极。万用表置于 R×1kΩ 挡，先用红表笔接 A 极，黑表笔接 K 极，所得电阻值应为数千欧左右；再交换表笔位置进行测量，所得阻值应为无穷大。

问 12. 四端小功率晶闸管如何应用？

表 8-5 列出了四端晶闸管在不同接线方式下的不同用法，供使用时参考。常用的型号有 3N38、3N81、3SF11、MAS32 等。

表 8-5　四端晶闸管在不同接线方式下的不同用法

电路功能	管脚接法	管脚对应关系			性能特点
普通晶闸管（SCR）	G_A 空着不用	G_K	A	K	灵敏度高，G_K 触发电流小，仅几微安
		G	A	K	

续表 8-5

电路功能	管脚接法	管脚对应关系			性能特点
可关断晶闸管 （GTO）	G_A 或 G_K 任选使用	G_A 或 G_K	A	K	用 G_A 时，加负脉冲导通，加正脉冲关断；用 G_K 时，加正脉冲导通，加负脉冲关断
		G	A	K	
BTG 晶闸管 （PUT）	G_K 空着不用	G_A	A	K	外加分压电阻 R_1 和 R_2，调整 R_1 或 R_2 的阻值，可改变分压比 η_V
		G	A	K	
单结晶体管 （UJT）	G_K 空着不用	G_A	A	K	分压比 η_V 固定
		E	B_2	B_1	
逆导晶闸管 （RCT）	G_A 与 A 短接	G_K	G_A 与 A 短接	K	正向特性与 SCR 相同，反向特性与硅整流管正向特性类似
		G	A	K	
NPN 硅晶体管 （VT_2）	G_A 与 A 短接	G_K	G_A 与 A 短接	K	用万用表可测出 h_{FE}
		B	C	E	
PNP 硅晶体管 （VT_1）	G_K 与 K 短接	G_A	G_K 与 K 短接	A	用万用表可测出 h_{FE}
		B	C	E	
肖特基二极管 （SKD）	G_A、G_K 均空着不用	A		K	高速可控整流二极管，可作开关管或触发器
		$+$		$-$	
稳压二极管	G_K、K 均空着不用	A		G_A	典型稳压值：90V（反向击穿状态下）
		$+$		$-$	
稳压二极管	A、K 空着不用	G_K		G_A	典型稳压值：80V（反向击穿状态下）
		$+$		$-$	
稳压二极管	A、G_A 均空着不用	G_K		K	典型稳压值：4V（反向击穿状态下）
		$+$		$-$	

问 13. 什么是可关断晶闸管？

可关断晶闸管简称 GTO，也是一种 PNPN 四层半导体器件，其结构、等效电路与普通晶闸管相同。图 8-12 是 GTO 的电路符号及引脚排列图。大功率可关断晶闸管大多采用模块形式封装。GTO 和普通晶闸管相同，也有三个电极，分别为阳极 A、阴极 K 和门极 G。

GTO 触发导通的原理与普通晶闸管基本相同，但两者的关断原理和关断方式却有根本的区别。普通晶闸管门极 G 加上正触发信号导通后，即使撤去触发信号也能维持导通。要想使其关断，则将 A、K 间电源切断，使正向电流低于维持电流，或加上反向电压强迫关断。应用电路较复杂，并易产生波形失真和噪声。可关断晶闸管具有普通晶闸管电流大、耐压高等优点，而且还具有自行关断的功能。普通

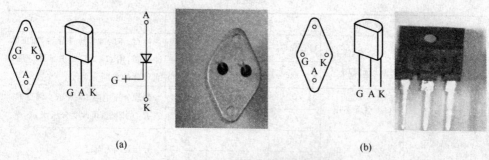

图 8-12　GTO 的电路符号及引脚排列

(a)符号　(b)外形及引脚排列

晶闸管在导通后是处于深饱和状态,GTO 导通后是处于临界饱和状态,所以只要给 GTO 门极 G 加上负向触发信号即可使其关断。

问 14. 可关断晶闸管有哪些参数?

①U_{RGM}是门极反向峰值电压。

②断态重复峰值电压 U_{DRM} 表示 GTO 两端施加的断态电压的最高值。

③I_{ATM}是最大可关断电流。

④关断增益 β_{off} 是非常重要的参数,相当于晶体管的电流放大系数 h_{FE}。它等于阳极最大可关断电流 I_{ATM} 与门极最大负向电流 I_{GM} 的比值,即 β_{off} 值的大小可表征门极电流对阳极电流的控制能力的强弱。一般 β_{off} 为几倍速到十几倍速。β_{off} 越大,说明门极电流对阳极电流的控制能力越强。

⑤U_{TM}是通态峰值电压。

问 15. 怎样检测可关断晶闸管(GTO)?

(1)判定电极　将万用表置于 R×1 挡,轮换测量任意两管脚间的电阻值,只有当黑表笔接门极 G,红表笔接阴极 K 时,电阻才为低阻值,其他情况下的电阻值均为无穷大。这样将门极 G 和阴极 K 确定后,余者便是阳极 A。

(2)检测触发能力　使用 R×1 挡,将黑表笔接阳极 A,红表笔接阴极 K,此时电阻值应为无穷大。用黑表笔在接触阳极 A 的同时也接触门极 G,此时即给门极 G 加上了正向触发信号,指针应向右大幅度偏转,呈低阻值状态,表明 GTO 被触发导通。将黑表笔与 G 极脱开,万用表指针应保持低阻值不变,证明 GTO 能维持通态,触发能力正常。

(3)检测关断能力　先用万用表 R×100 挡给电解电容充满电,然后将万用表拨至 R×1 挡,按照检测触发能力的操作步骤使 GTO 触发导通并维持通态;把电解电容的负极接 GTO 的门极 G,用电解电容的正极去触碰 GTO 的阴极 K,若指针迅速向左回摆至无穷大位置,则说明 GTO 关断能力正常。

问 16. 什么是 BTG 晶闸管?

BTG 晶闸管是一种特殊半导体器件。既可作为晶闸管使用,又可作为单结晶体管(双基极二极管)使用。所以也称其为程控单结晶体管(PUT)或可调式单结晶体管。BTG 晶闸管的外形和电路符号如图 8-13 所示。它的三个电极文字符号与普通晶闸管相同。

图 8-14 所示是 BTG 晶闸管的内部结构和等效电路图。

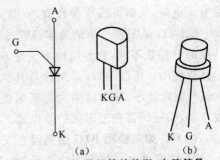

图 8-13　BTG 晶闸管的外形、电路符号
(a)符号　(b)外形

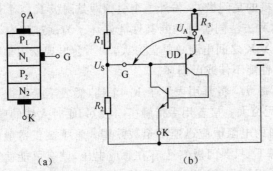

(a)　　　　　　　　(b)

图 8-14　BTG 晶闸管内部结构、等效电路
(a)内部结构　(b)等效电路

问 17. BTG 晶闸管有哪些主要参数?

图 8-15 所示为 BTG 晶闸管的伏安特性。图中标示出了它的几个主要参数。

(1)**峰点电流 I_P** 它是阳极 A 与阴极 K 之间电压达到 U_p 时的 A、K 之间的电流。I_p 值很小,通常为 $1 \sim 2\mu A$。

(2)**峰点电压 U_p** 它是 BTG 晶闸管开始出现负阻特性时阳极 A 与阴极 K 之间的电压。

(3)**谷点电压 U_v** 它是 BTG 晶闸管由负阻区开始进入饱和区时阳极 A 与阴极 K 之间的电压。I_v 为谷点电流,是 A、K 之间电压达到 U_v 时的阳极电流。

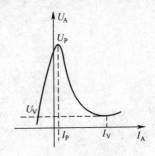

图 8-15　BTG 晶闸管伏安特性图

问 18. BTG 晶闸管与单结晶体管的区别有哪些?

BTG 晶闸管和 BT31、BT33 等双基极二极管基本相同,但两者参数有差异。

①单结晶体管(UJT)的两个基极电阻 R_{b1} 和 R_{b2} 是由器件内部的结构所决定,

器件一经制成,其分压比便固定不变。BTG 的门极外加分压电阻,可改变分压比。接分压电阻,从而可改变参数值,所以又称其为程控单结晶体管。

②BTG 晶闸管与单结晶体管的另一个区别是前者的内部结构采用 N 门极,与传统的 P 门极不同,此种结构不仅使 BTG 可作为单结晶体管使用,还可作小功率晶体管使用。所以 BTG 晶闸管具有参数可调、触发灵敏度高、脉冲上升时间短(约 60ns)、漏电流小、输出功率大等突出优点。被广泛用来构成可编程脉冲或锯齿波发生器、长延时器和过压保护器以及大功率晶体管的触发电路。

问 19. 如何检测 BTG 晶闸管?

(1)判定电极　将万用表置于 $R \times 1k\Omega$ 挡,红、黑表笔轮换任接某一对电极,当测得某对引脚为低阻值时,证明所测是 PN 结的正向电阻,此时黑表笔所接的便是阳极 A,红表笔所接的是门极 G,另外一个引脚即是阴极 K。对于已知管脚排列的 BTG 晶闸管,用这种方法同时可判断其性能好坏。测试过程中,G、A 之间的反向电阻趋于无穷大,A、K 之间电阻总是无穷大,均不会出现低阻值的情况,否则说明被测 BTG 晶闸管性能不佳或已损坏。

(2)检测触发能力　将万用表置于 $R \times 1$ 挡,黑表笔接阳极 A,红表笔接阴极 K,此时读数应为无穷大。接着用手指触摸门极 G,此时人体的感应电压便可使管子导通,A、K 之间的电阻值应迅速降至数欧姆。管子被正常触发导通,否则说明管子是在开路状态下,只要门极 G 上存在感应电压,就有可能使 A、K 间处于导通状态。因此在测试操作时,可先在阳极 A 与门极 G 之间用一根导线短路一下,以强行将 BTG 晶闸管关断,然后再进行触摸 G 极测试,这样可防止误判。

第 9 章　光电元器件

问 1. 什么是光电开关？

光电开关是一种由光发射管与光接收管封装在一起构成的组件,广泛应用于计算机、音视频工业各种控制电路中。

常见的光电开关有两种,一种为透射式,另一种为反射式。两者相比,透射式光电开关的灵敏度较高,但有时使用不如反射式开关方便。多数光电开关采用输入端与输出端相互隔离的结构,即发射管与接收管互相独立,保持电气绝缘。但也有少数产品采用非隔离方式,即发射管与接收管为共地。图 9-1 所示是常见的透射、隔离光电开关的外形及内部结构。

由图可知,当给发射管加电压时,其发射管发光,若此时,在发射管与接收管中间无遮盖物,则接收管可接收到光,其内阻发生变化,有遮盖物时则变化。

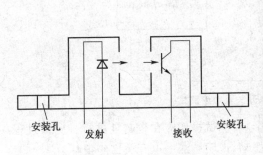

安装孔　　发射　　　　接收　　安装孔

图 9-1　常见的透射、隔离光电开关的外形及内部结构

问 2. 如何检测维修光电开关？

(1)检测

(以透射、隔离式为例)

发射管与接收管的检测方法如下。

①检测发射管。将万用表于 R×10kΩ 挡,测量光电开关发射管的正、反向电阻值,应具有单向导电特性。利用这种特性可以很容易地将光电开关的输入端(发射管)和输出端(接收管)区分开。

②检测接收管。将万用表于 R×10kΩ 挡,红黑表笔分别接触接收管的 C、E 端,此时所测得的电阻值为接收管的穿透电阻,此值越大,说明接收管的穿透电流

越小,管子的稳定性越好。正常时,用万用表 R×1kΩ 挡测量,光电开关接收管的穿透电阻值多为无穷大。

③检测发射管与接收管之间的隔离性能。将万用表于 R×1kΩ 挡,测量发射管与接收管之间的绝缘电阻应为无穷大。否则如果发射管与接收管之间有电阻值,说明两者有漏电现象,这样的透射隔离式光电开关是不能使用的。

④检测灵敏度。将电池正极串入 200Ω 左右电阻接发射管正极,电池负极接发射管负极。万用表置于 R×10kΩ 挡,红表笔接接收管 E 端,黑表笔接接收管 C 端。将一黑纸片插在光电开关的发射窗与接收窗中间,用来遮挡发射管发出的红外线。测试时,上、下移动黑纸片,观察万用表的指针应随着黑纸片的上下移动有明显的摆动,摆动的幅度越大,说明光电开关的灵敏度越高。图 9-2 所示为光电开关灵敏度测试图。

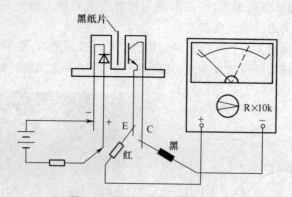

图 9-2　光电开关灵敏度测试

注意:为了防止外界光线对测试的影响,测试操作应在较暗处进行。测试过程中,若万用表指针不随纸片上下移动而摆动,说明被测光电开关已经损坏。

(2)光电开关的修理

光电开关发射部分损坏后,可将发射管拆下,用同型号的发射管装入焊接即可;如果接收端损坏,须更换新的光电开关。

问 3. 什么是光耦合器?

光耦合器亦称光电隔离器,简称光耦。光耦合器以光为媒介传播电信号。光耦内部的发光二极管和光敏晶体管只是把电路前后级的电压或电流变化转换为光的变化,二者之间没有电气连接,因此能有效隔断电路间的电位联系,实现电路之间的可靠隔离。发光源的引脚为输入端,受光器的引脚为输出端。光耦合器输入端加电信号使发光源发光,光的强度取于激励电流的大小,此光照射到封装在一起的受光器上后,因光电效应而产生了光电流,由受光器输出端引出,这样就实现了电—光—电的转换。

　　光耦合器的种类较多,图 9-3 所示为光耦合器的外形图,常见的发光源为发光二极管,受光器为光敏二极管、光敏晶体管等。图 9-4 所示为光耦合器的内部结构图。

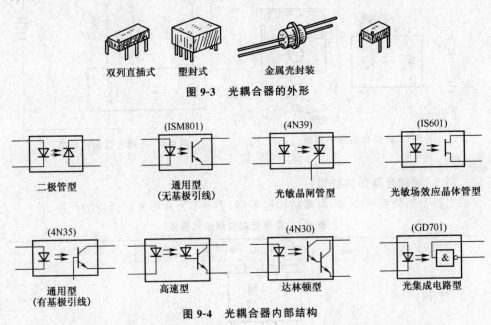

　　　　双列直插式　　塑封式　　　金属壳封装

图 9-3　光耦合器的外形

　　　　　　　(ISM801)　　　　　　(4N39)　　　　　　(IS601)

二极管型　　　通用型　　　　光敏晶闸管型　　光敏场效应晶体管型
　　　　　　（无基极引线）

　(4N35)　　　　　　　　　　　　　(4N30)　　　　　　(GD701)

　通用型　　　　高速型　　　　达林顿型　　　　光集成电路型
（有基极引线）

图 9-4　光耦合器内部结构

问 4. 如何测量光耦合器?

　　因光耦合器的方式不尽相同,所以测试时应针对不同结构进行测量判断。例如:对于晶体管结构的光耦合器,检测接收管时,应按测试晶体管的方法检查。

　　(1)输入输出判断

　　由于输入发光二极管,而输出端为其他元件。所以用 R×1K 挡,测某两脚正向电阻为数百欧,反向电阻在几十千欧以上,则说明被测引脚为输入端,另外引脚则为输出端。

　　(2)好坏判断

　　①用万用表判断好坏。用 R×1kΩ 挡测输入引脚电阻,正向电阻为几百欧,反向电阻为几十千欧。再用万用表 R×10kΩ 挡,依次测量输入端(发射管)的两引脚与输出端(接收管)各引脚间的电阻值都应为无穷大,发射管与接收管之间不应有漏电阻存在。图 9-5 所示为光耦合器好坏判断的电路图,接通电源后,输出引脚的电阻很小。调节 RP,则 3、4 间引脚电阻发生变化,说明该器件是好的。

　　②通用测试电路。图 9-6 所示为光耦合器测试电路,此电路可测多种光耦合器的好坏。当接通电源后,LED 不发光,按下 SB,LED 会发光,调节 RP,LED 的发光强度会发生变化,说明被测光耦合器是好的。

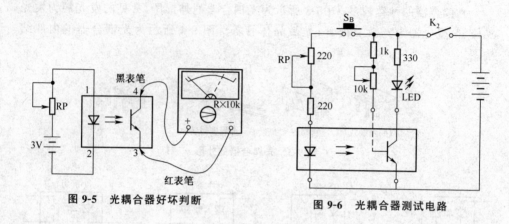

图 9-5　光耦合器好坏判断　　　　　图 9-6　光耦合器测试电路

问 5. 光耦合器如何应用？

光耦合器的型号众多,内部结构也不同,表 9-1 为常用光耦合器的代换表。

表 9-1　常用光耦合器的代换表

型号	内 部 电 路	同类品
TLP512		
TLP550		TLP650
TLP581		
TKP620-2		TLP626-2
TKP620-4		TLP626-4

续表 9-1

型号	内 部 电 路	同类品
TLP621-2		TLP321-2 TLP521-2 TLP624-2
TLP621-4		TLP321-4 TLP521-4 TLP624-4
TLP532		CNX82A FX0012CE TLP332 TLP632 TLP634 TLP732
TLP580		
TLP620		TLP120 TLP126 TLP626
TLP620-3		TLP626-3
TLP621		TLP121，TLP124，TLP321， TLP521，TLP621，LTV817， PC111，PC510，PC617， PC713，PC817，ON3111， On3131
TLP621-3		TLP321-3 TLP521-3 TLP624-3

续表 9-1

型号	内 部 电 路	同类品
TLP630		TLP130 TLP330
TLP631		4N36,4N38,4N38A, 4N35411,4N28,4N30, 4N33,4N35,TLP531, TLP535,TLP632,TLP131, TLP137,TLP331,PC120, PC417,MC227,TLP731, TIL113,TIL117,PS2002, PCD830,SPX7130,4N25, 4N25A,4N26,4N27

第10章 显示器件

问 1. 什么是一位 LED 数码管?

常用的一位 LED 数码管是由 7 个发光管组成 8 字形构成,内部带有 1 个小数点的 8 段数码管,图 10-1 所示为数码管外形和内部结构图。由内部结构可知,数码管可分为共阴极数码管和共阳极数码管两种。

图 10-1b 所示为共阴极数码管电路,8 个 LED(7 段笔画和 1 个小数点)的负极连接在一起接地,译码电路按需给不同笔画的 LED 正极加上正电压,使其显示出相应数字。图 10-1c 所示为共阳极数码管电路,8 个 LED(7 段笔画和 1 个小数点)的正极连接在一起接地,译码电路按需给不同笔画的 LED 负极加上负电压,使其显示出相应数字,LED 数码管的 7 个笔段电极分别为 0~9(有些资料中为大写字母),dp 为小数点,图 10-1a 所示为数码管引脚排列图。表 10-1 所示为 LED 数码管的字段显示码。(表中为 16 进制数制)

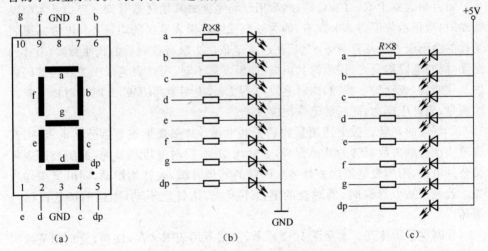

图 10-1　LED 数码管外形和内部结构

(a)数码管引脚排列　(b)共阴极数码管电路　(c)共阳极数码管电路

表 10-1　LED 数码管的字段显示码

显示字符	共阴极码	共阳极码	显示字符	共阴极码	共阳极码
0	3fh	Coh	9	6fh	90h
1	06h	F9h	A	77h	88h

续表 10-1

显示字符	共阴极码	共阳极码	显示字符	共阴极码	共阳极码
2	5bh	A4h	B	7ch	83h
3	4fh	B0h	C	39h	C6h
4	66h	99h	d	5eh	A1h
5	6dh	92h	E	79h	86h
6	7dh	82h	F	71h	8eh
7	07h	F8h	P	73h	8ch
8	7fh	80h	熄灭	00h	Ffh

问 2. 如何测量一位 LED 数码管？

（1）外观判别　　LED 数码管一般有 10 个引脚，通常分为两排。当字符面朝上时，左上角的引脚为第 1 脚，然后顺时针排列其他引脚。一般情况，上、下中间的引脚相通，为公共极，其余 8 个引脚为 7 段笔画和 1 个小数点。

（2）万用表检测管脚排列及结构类型

①判别数码管的结构类型（共阴极还是共阳极）。

将万用表置于 R×10kΩ 挡，然后用红表笔接触其他任意管脚。当指针大幅度摆动时（应指示数值为 30k 左右，如为 0 则说明红黑表笔接的均是公共电极），黑表笔接的为阳极，黑表笔不动，然后用红表笔依次去触碰数码管的其他管脚，表针均摆动，同时笔段均发光，说明为共阳极；如黑表笔不动，用红表笔依次去触碰数码管的其他管脚，表针均不摆动，同时笔段均不发光，说明为共阴极，此时可对掉表笔再次测量，表针应摆动，同时各笔段均应发光。

②好坏的判断。按上述测量找到公共电极，共阳极黑表笔接公共电极，用红表笔依次去触碰数码管的其他管脚，表针均摆动，同时笔段均发光；共阴极红表笔接公共电极，用黑表笔依次去触碰数码管的其他管脚，表针均摆动，同时笔段均发光。若触到某个管脚时，所对应的笔段不发光，指针也不动，则说明该笔段已经损坏。

③判别管脚排列。参照图 10-1 所示，使用万用表 R×10kΩ 挡，分别测笔段引脚，使各笔段分别发出光点，即可绘出该数码管的管脚排列图（面对笔段的一面）和内部的连线。

（3）检测全笔段发光性能

按前述已测出 LED 数码管的结构类型、管脚排列，再检测数码管的各笔段发光性能是否正常。以共阴极为例，将万用表置 R×10kΩ 挡，红表笔接在数码公共阴极上，图 10-2 所示为检测数码管全笔段发光性能连接图，并把数码管的 $a\sim p$ 笔段端全部短接在一起。然后将黑表笔接触 $a\sim p$ 的短接端，此时所有笔端均应发光,显示出"8"字。且发光颜色应均匀,无笔段残缺及局部变色等现象。公共阳极测试相反。(可使用两节电池串联后再串接一只几千欧的电阻测试)

在作上述测试时,应注意以下几点。

多数 LED 数码管的小数点不是独立设置的,而是在内部与公共电极连通的。但是有少数产品的小数点是在数码管内部独立存在的,测试时要注意正确区分。

采用串接干电池法检测时,必须串接一只几千欧的电阻,否则很容易损坏数码管。

LED 数码管损坏时,现象为某一个或几个笔段不亮,即出现缺笔画现象。用万用表测试确定为内部发光二极管损坏时,可将数码管的前盖小心地打开,取下基板。图 10-3 所示为 LED 数码管基板图。所有笔段的发光二极管均是直接制作在基板的印制电路上的。用小刀刮去已经损坏笔段的发光二极管,将一相同颜色的扁平形状的发光二极管装入原管位置,连接时注意极性不要装错。

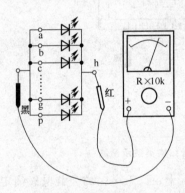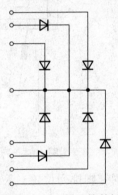

图 10-2　检测数码管全笔段发光性能连接图　　　图 10-3　LED 数码管基板图

问 3. 什么是多位 LED 数码管?

多位 LED 数码管是在一位 LED 数码管的基础上发展而来的。即将多个数字字符封装在一起成为多位数码管,内部封装了多少个数字字符的数码管就叫作"X"位数码管(X 的数值等于数字字符的个数了)。常用的数码管为 1~6 位,和一位 LED 数码管一样,它也是由发光二极管按一定方式连接而构成,也可分为共阴极类型和共阳极类型两种。发光颜色也多为红、绿、黄、橙等。多位 LED 数码管的突出特点是使用安装方便、外部接线比较简单、显示功能比一位数码管强,而且耗电省、造价低。广泛地应用于新型数字仪表、数字钟等电路中作显示器件。

问 4. 如何测量多位 LED 数码管?

对多位 LED 数码管的检测,基本方法与检测一位 LED 数码管大体相同。也是采用直接用万用表 R×10kΩ 挡(可使用两节电池串联后再串接一只几百欧的电阻)测量的方法进行判断。

(1)检测管脚排列顺序结构类型

①判别结构类型。图 10-4 所示为判别多位 LED 数码管结构类型示意图(注:此图为判别数码管是否为共阴极结构示意图,若判断数码管是否为共阳极结构,将红、黑表笔对调即可)。

将红表笔任接一个引脚,用黑表笔去依次接触其余管脚,如果同一位上先后能有 7 个笔段发光,则说明被测数码管为共阴极结构,且红表笔所接的是该位数码管的公共阴极。如果将黑表笔任接某一引脚,用红表笔去触碰其他管脚,能测出同一位数码管有 7 个笔段发光,则说明被测数码管属于共阳极结构,此时黑表笔所接的是该位数码管的公共阳极。

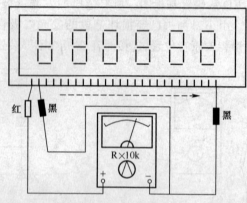

图 10-4 判别多位 LED 数码管结构类型示意图

②判别管脚排列位置。采用上述方法将个、十、百、千……的公共电极确定后,再逐位进行检查测试。即可按一位数码管的方法绘制出数码管的内部接线图和管脚排列图。

(2)检测全笔段发光性能

按前述以测出 LED 数码管的结构类型、管脚排列测出后,再检测数码管的各笔段发光性能是否正常。以共阴极为例,用两节电池串一只 1kΩ 左右电阻,将负极接在数码公共阴极上,图 10-5 所示为检测全笔段发光性能接线图,把多位数码管其他笔段端全部短接在一起,然后将其接在电池正极,此时所有位笔般均应发光,显示出"8"字。仔细观察,发光颜色应均匀,无笔

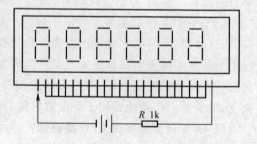

图 10-5 检测全笔段发光性能接线图

段残缺及局部变色等现象。

问 5. 什么是单色 LED 点阵显示器？

单色 LED 点阵显示器是以单色发光二极管按照行与列的结构排列而成。根据其内部发光二极管的大小、数量、发光强度、发光颜色的不同可分为多种规格。常见的有 5×7、7×7、8×8 点阵。5×7 为即每行为 5 只发光二极管,每列有 7 只发光二极管,共 35 个像素。发光颜色有红、绿、橙等几种,图 10-6 所示为 5×7 系列的外形及管脚排列图。由 Φ5 的高亮度橙红色发光二极管组成。双列直插 14 脚封装。不同型号内部接线及输出引脚的极性不同。图 10-7a、图 10-7b 分别为两种不同的内部接线图,分共阳极结构和共阴极结构两种。共阳极结构则是将发光二极管的正极接行驱动线,共阴极结构是将发光二极管负极接行驱动线。图中的数字代表管脚序号,A～G 为行驱动端,a～e 是列驱动端。

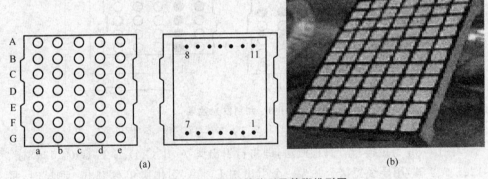

图 10-6 5×7 系列的外形及管脚排列图

(a)管脚排列 (b)外形

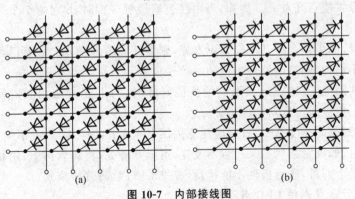

图 10-7 内部接线图

(a)P2057A(共阴极) (b)P2157A(共阳极)

问 6. 如何测量单色 LED 点阵显示器？

(1)检测行、列线 利用万用表或电池可检测出各二极管像素发光状态,以判断好坏。先用万用表 R×10kΩ 挡判别出共阴极、共阳极(参见 LED 数码管检测),并判别出行线和列线。对于共阴极,黑表笔所接为列线;对于共阳极,则红笔所接为列线。

(2)判别发光效果 (以共阳极为例)

按图 10-8 中的方法接线,图 10-8a 为短接列管脚检测法,即将 a、b、c、d、e(13、3、4、11、10、6 脚)短接合并为一个引出端 E,行引出脚用导线分别引出。测试时,将电池负极接 E 端,用正极依次去接触 A、B、C、D、E、F、G (9、14、8、5、12、1、7、2 脚)行引出脚的导线,相应的行像素应点亮发光。例如,当用正极线触碰 8 脚时,C 行的 5 个像素应同时发光。

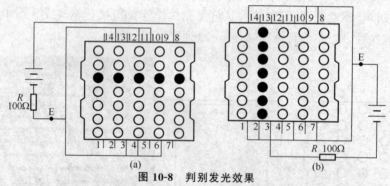

图 10-8 判别发光效果

(a)短接列管脚检测法(P2157A) (b)短接行管脚检测法(P2157A)

图 10-8b 为短接行管脚检测法,即将行引出脚 A、B、C、D、E、F、G (9、14、8、5、12、1、7、2 脚)用导线短接合并为一个引出端 E,将列引出脚单独引出。测试时,将正极线接 E 端,用负极线去接触 a、b、c、d、e(13、3、4、11、10、6 脚)列引出脚的导线,相应的列像素应点亮发光。例如:当用红表笔接触 3 脚时,b 列的 7 个像素应同时发光。

检测时,如果某个或几个像素不发光,则器件的内部发光二极管已经损坏。若发现亮度不均匀,则表明器件参数的一致性较差。

检测共阴极 LED 点阵显示器的性能好坏时,与上述方法相同。只是在操作时,需将正、负极线位置对调即可。

注意:测试高亮度 LED 管时应注意测试电压应在 5~8V,否则不能点亮 LED。

检测时,如确定某只或某排管不发光,可拆开外壳,将坏管拆下,用相同直径和颜色的管换上即可,注意极性不能接反(参见 LED 数码管检修)。

问 7. 什么是彩色 LED 点阵显示器?

彩色 LED 点阵显示器是一种新型显示器件,具有密度高、工作可靠、色彩鲜艳等优点,非常适合组成彩色智能显示屏。彩色 LED 点阵显示器是以变色发光二极管为像素按照行与列的结构排列而成的。

国产彩色 LED 点阵显示器的典型产品型号有 BFJΦ3OR/G（5×7）、BFJΦ5OR/G（8×8）、BS2188（Φ5，8×8R/G）等。型号中的 Φ3 和 Φ5 表示所使用变色发光二极管的直径，OR、R、G，是英文单词缩写，分别代表橙红、红和绿 3 种颜色。

图 10-9 所示是 BFJΦ5OR/G 的内部电路图。这是一个共阳极结构点阵显示器，其中，A～H 是行驱动线，共 8 条。列驱动线分为两组，橙红色（OR）与绿色（G）各为 8 条。A～H 代表行像素，a(a′)～h(h′)代表列像素。发光原理可以左上角 A 行、a 列的彩色像素为例加以说明。A 行的橙红色发光二极管的正极与 22 脚相接，负极与 24 脚之间施以正向电压时，(A、a)像素发红光；当 22 脚和 23 脚之间施以正向电压时，(A、a)像素则发出绿光；若两者同时施以正向电压时，则(A、a)像素可发出复合光，显示橙色。

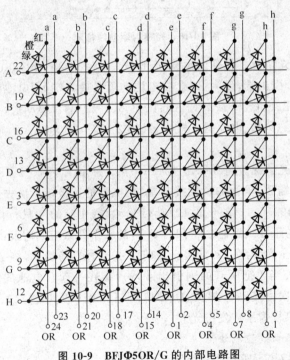

图 10-9　BFJΦ5OR/G 的内部电路图

问 8. 如何测量彩色 LED 点阵显示器？

检测彩色 LED 点阵显示器与单色相同。可采用短接列或行的方法进行检测，只是操作时要稍烦琐一些，每个像素要测试 3 次，以检测相应的 3 种颜色显示是否正常。

先按检测单色 LED 点阵显示器方法判别出各行、列及相应排列好坏，再按下述方法判别发光情况。

（1）短接列驱动线检测法　图 10-10 所示为短接列驱动线检测图。

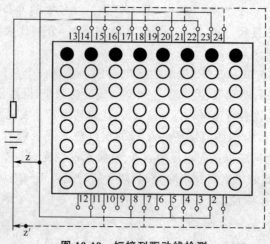

图 10-10　　短接列驱动线检测

①检查发绿光情况。将列引出线 a′、b′、c′、d′、e′、f′、g′、h′(23、20、17、14、2、5、8、11)短接为一个引出端,设为 Z 端,将电池的负极接 Z 端,用电池的正极线依次去接触 A、B、C、D、E、F、G、H (22、19、16、13、3、6、9、12)端行驱动线,相应的 8 只行像素应同时发绿光。例如:电池的正极线触碰 22 脚时,相应的 A 行 8 个像素应同时发出绿色光。

②检查发红光情况。将列引出线 a、b、c、d、e、f、g、h (24、21、18、15、1、4、7、10)短接为一个引出端 Z′,电池的负极接 Z′端,用电池的正极线依次去接触 A、B、C、D、E、F、G、H (22、19、16、13、3、6、9、12)端行驱动线,相应的 8 只行像素应同时发红光。例如,电池的正极线触碰 22 脚时, A 行的 8 个像素应同时发出红光。

③检查发复全光(橙色)的情况。在前两步检测的基础上,将 Z 和 Z′两端短接后引出 Z″端,即相当于把所有的列引出端均短接在一起。电池的负极接 Z″端,用电池的正极线依次去接触 A、B、C、D、E、F、G、H (22、19、16、13、3、6、9、12)端行驱动线,相应的 8 只行像素应发橙光。

（2）短接行驱动线检测法

图 10-11 为短接行驱动线检测图。

①检查发绿光情况。将行驱动线 A、B、C、D、E、F、G、H (22、19、16、13、3、6、9、12)短接合并为一个引出端,设为 Y,电池的正极线接 Y 端,电池的负极线依次去接触 a′、b′、c′、d′、e′、f′、g′、h′(23、20、17、14、2、5、8、11)列驱动线,相应列像素应同时发绿光。例如:当用电池的负极接 23 脚(X 端)时,a 列的 8 个像素应同时发出绿色光。

②检查发红光情况。用电池的正极线接法与第一步相同。用电池的负极线去接触列驱动线的 a、b、c、d、e、f、g、h (24、21、18、15、1、4、7、10)端,相应的列像素应

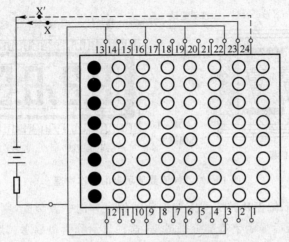

图 10-11　短接行驱动线检测

同时发红光。例如：当用电池的负极接 24 脚（X′端）时，a 列的 8 个像素应同时发出红光。

③检查发复合光（橙色）的情况，电池的正极线不变。将 X 和 X′两端短接（即把 23 脚与 24 脚短路），引出 X″端时，a 列的 8 个像素应同时发橙色光。按此法将 20 脚和 22 脚、17 脚和 18 脚、14 脚和 15 脚、2 脚和 1 脚、5 脚和 4 脚、8 脚和 7 脚、11 脚和 10 脚分别短接后进行测试，相对应的 b、c、d、e、f、g、h 列的像素均应分别发出橙光。

使用高亮度 LED 管时应注意测试电压应在 5～8V，否则不能点亮 LED。

快速检测方法：将所有行线短接、列线短接，电池正极接行线，负极接列线，检查发光情况，此时所有二极管应全部发光，说明 LED 点阵是好的；如有某点不发光或某行、某列不发光，则 LED 点阵是坏的。

问 9. 什么是液晶显示屏（LCD）？具有哪些特性？

液晶的组成物质是一种有机化合物，是以碳为中心所构成的化合物。其常温下，液晶是处于固体和液体之间的一种物质，即具有固体和液体物质的双重特性。利用液晶体的电注效应制作的显示器就是液晶显示器（LCD）。广泛应用各领域作为终端显示器件。

液晶显示屏（LCD）将上下两块制作有透明电极的玻璃利用胶框对四周进行封接，形成一个很薄的盒。在盒中注入 TN 型液晶材料。通过特定工艺处理，使 TN 型液晶的棒状分子平行地排列于上、下电极之间，图 10-12 所示为 TN 液晶显示器的基本构造图。

根据需要制作成不同的电极，就可以实现不同内容的显示。平时液晶显示器呈透亮背景，电极部位加电压后，显示黑色字符或图形，这种显示称为正显示。如

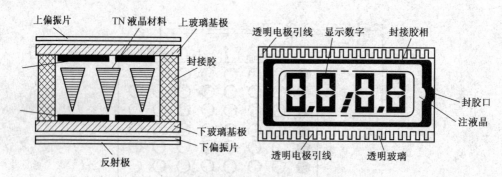

图 10-12　TN 液晶显示器的基本构造

将图 10-12 中的下偏振片转成与上偏振片的偏振方向一致装配,则正相反,平时背景呈黑色,加电压后显示字符部分呈透亮,这种显示称为负显示。后者适用于背光源的彩色显示器件。

液晶显示屏的特性主要如下。

①低电压低工耗。极低的工作电压,只要 2~3V,工作电流只有几个微安,即功耗只有 1~10μW/CM。

②平板结构。液晶显示器的基本结构是两片导电玻璃,中间灌有液晶的薄型盒。这种结构的优点是:开口率高,最有利于作显示窗口;显示面积做大做小都比较容易;便于自动化大量生产,生产成本低;器件很薄,只有几毫米厚。

③被动显示型。液晶本身不发光,靠调节外界光达到显示目的,即依靠对外界光的不同反射和透射而形成不同对比度来达到显示目的。

④显示信息量大。液晶显示器中,各像素之间不用采取隔离措施,所以在同样显示窗口面积可容纳更多的像素。

⑤易于彩色化。一般液晶显示器为无色,所以可采用滤色膜很容易实现彩色图像。

⑥长寿命。液晶本身由于电压低,工作电流小,因此几乎不会劣化,寿命很长。

⑦无辐射,无污染。CRT 显示中有 X 射线辐射,而液晶不会出现这类问题。

液晶显示器的缺点是:显示视角小,大部分液晶显示器是利用液晶分子的向异性形成图像,对不同方向的入射光,其反射率不一样,且视角较小,只有 30°~40°,随着视角的变大,对比度迅速变坏;响应速度慢,液晶显示器大多是依靠外电场作用下,液晶分子的排列发生变化,所以响应速度受材料的粘滞度影响较大,一般为100~200ms,所以液晶显示器在显示快速移动的画面质量一般不是太好。

问 10.　如何测量 TN 型液晶显示器?

目前应用广泛的是 3 位半静态显示液晶屏,其管脚引线如图 10-13 所示。

如若管脚排列标志不清楚时,可用下述方法鉴定。

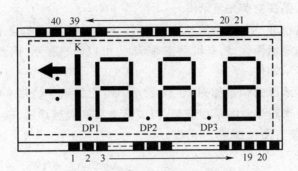

图 10-13 液晶显示器引脚排列

（1）万用表测量法

机械万用表测量法。用 R×10k 挡的任一只表笔接触电子表或液晶显示器的公共电极（又称背电极，一般为显示器最后一个电极，而且较宽），另一只表笔轮流接触各字划电极，若看到清晰、无毛边、不粗大地依次显示各字划，则液晶显示器完好；若显示不好或不显示，则质量不佳或已坏；若测量时虽显示，但表针在颤动，则说明该字段有短路现象。有时测某段时出现邻近段显示的情况，这是感应显示，不是故障。这时可不断开表笔，用手指或导线连接该邻近字段电极与公共电极，感应显示即会消失。

数字万用表测量法。万用表置于二极管测量挡，用两表笔两两相量，当出现笔段显示时，表明二表笔中有一引脚为 BP（或 COM）端，由此就可确定各笔段，若显示屏发生故障，亦可用此查出坏笔段。对于动态液晶屏，用同样的方法找出 COM，但显示屏上不止一个 COM；不同的是，能在一个引出端上引起多笔段显示。

（2）加电显示法

用两只表笔分别与电池组（3～6V）的"＋"和"—"相连。将一只表笔上串联一个电阻（约几百欧，阻值太大会不显示），一只表笔的另一端搭在液晶显示屏上，与屏的接触面越大越好。用另一只表笔依次接触引脚。这时与各被接触引脚有关系的段、位便在屏幕上显示出来。测量中如有不显示的引脚，应为公共脚（COM），一般液晶显示屏的公共脚有 1 个或多个。

由于液晶在直流工作时寿命（约 500 小时）比交流工作时（约 5000 小时）短得多，所以规定液晶工作时直流电压成分不得超过 0.1V（指常用的 TN 型即扭曲型反射式液晶显示器），故不宜长时间测量。对阀值电压低的电子表液晶（如扭曲型液晶，阀值低于 2V），则更要尽可能减短测量时间。

用万用表"$\underset{\sim}{V}$"挡检测液晶显示器，将表置于 250V 或 500$\underset{\sim}{V}$ 挡，任一表笔置于交流电网火线插孔，另一表笔依次接触液晶显示屏各电极。若液晶显示器正常，则可看到各自的清晰显示；若某字段不显示，说明该处有故障。

问 11. 什么是真空荧光显示屏？

真空荧光显示屏（VFD）与液晶、半导体等显示器相比，具有显示清晰、寿命长、自身发光和彩色显示等优点，既可动态显示，也可以静态显示，因此广泛应用于各种电器作终端显示器件。

真空荧光显示屏的构造如图 10-14 所示。荧光显示屏的基本结构是真空管，外壳是低熔点玻璃粉熔封的平板玻璃，与玻璃盖和底面玻璃板（玻璃基板）形成一真空容器，内部装有阴极、栅极和阳极。

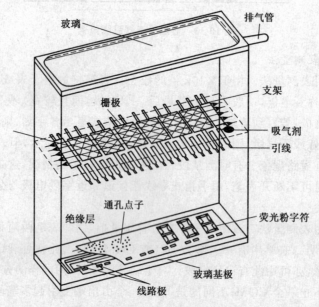

图 10-14　真空荧光显示屏的构造

当给灯丝两端加上额定工作电压时，会产生大量电子。这些电子被加有正电压的栅极加速，轰击阳极荧光粉而发光。正常工作时，各极电压不同。灯丝多是用交流低电压供电（一般为 AC3.5V），但灯丝的电位应该比阳极和栅极低，这样才能使电子流导向正确，所以需要外加负电压，或者提高阳极、栅极驱动 IC 的工作电压。

图 10-15 所示为荧光显示屏工作原理。荧光显示屏栅极分成若干位（6～9位），每位单独引出。若干段阳极中，各位对应的阳极段连到一起组成若干组，同一组中的阳极段公共一根引出线。显示时，通过时间分配把脉冲电压加到各栅极上，依次接通各栅极，随着栅极接通的信号，阳极加上与之同步的字符信号脉冲电压，这样荧光显示屏的各字符按栅极扫描脉冲轮流点亮。只要扫描速度足够快，利用人眼的视觉暂留特性，人眼觉察不到其间断点亮，从而看到的是一幅完整的显示图形。

使真空荧光管正常工作，需配接专用驱动集成电路或带有驱动电路的单片机，

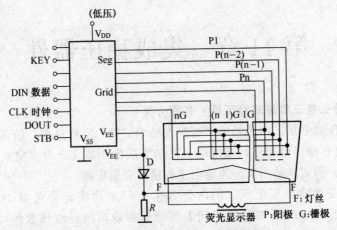

图 10-15　荧光显示屏的工作原理图

荧光显示屏就能显示出所需的各种功能。

问 12. 怎样检测真空管?

检测真空管荧光显示屏时,用万用表 R×1Ω 电阻挡测量灯丝电阻,如果通,灯丝一般认为是好的,否则为坏。如果亮度下降,可适当提高灯丝电压来提高亮度,但不能超过额定电压的 1.2 倍。如果发现真空管荧光显示屏不能点亮或吸气剂镜面发白雾状,则真空管荧光显示屏已漏气,须更换荧光显示屏。

第11章 集成稳压器件

问 1. 什么是三端集成稳压器？怎样分类？

集成稳压器经历了由小功率多端到大功率三端的发展过程。所谓三端是指电压输入端、电压输出端和公共接地端。三端集成稳压器又分为固定式输出和可调式输出两类。固定式输出又分为输出正和输出负稳压器。

输出正是指输出正电压。国内外各生产厂家均将此命名为 7800 系列，如 7805、7808。其中，78 后面的数字代表该稳压器输出的正电压数值，以伏特为单位。例如 7808 表示稳压器输出为 8V。

7800 系列稳压器按输出电压分为 7805、7808、7809、7810、7812、7815、7818、7824 等。按其最大电流又分为 78L00、78M00 和 7800 三个分系列。其中，78L00 系列最大输出电流为 100mA；78M00 系列最大输出电流为 500mA；7800 系列最大输出电流为 1.5A。

输出负稳压器，即输出电压为负电压，命名为 7900 系列。除引脚排列不同外，其命名方法、外形及参数等均与 7800 系列相同。

可调式输出稳压器的输出电压可通过外接电位器进行调整，分为正电压和负电压输出两种，其主要特点是使用灵活方便。国际通用的有正输出 117 系列（217、317），与之对应的负输出 137 系列（237、337）。输出电压在 1.2～37V 之间可调，输出电压由两只外接电阻确定，输出电流是 1.5A。一般采用标准的 TO-220 塑料封装。表 11-1 为三端可调式集成稳压器的种类及参数。

表 11-1　三端可调式集成稳压器的种类及参数

类型	产品系列及型号	最大输出电流/A	输出电压/V
正压输出	LM117L/217L/317L	0.1	1.2～37
	LM117M/217M/317M	0.5	1.2～37
	LM117/217/317	1.5	1.2～37
	LM150/250/350	3	1.2～33
	LM138/238/338	5	1.2～32
	LM196/396	10	1.2～15
负压输出	LM137L/237L/337L	0.1	−1.2～−37
	LM137M/237M/337M	0.5	−1.2～−37
	LM137/237/337	1.5	−1.2～−37V

问 2. 怎样检测通用三端集成稳压器?

(1)电路通电试验法　将三端集成稳压器接入电路,通电试验,用万用表测量输出电压是否与标称值一致(允许有 5% 的误差);可调式集成稳压器测试时,应一边调整可调电阻,另一边用万用表直流电压挡测量稳压器直流输入、输出端电压值。当将可调电阻从最小值调到最大值时,电压 Uo 应在指标参数给定的标称电压调节范围内变化,若输出电压不变或变化范围与标称电压范围偏差较大,则说明稳压器已经损坏或性能不良。

(2)用万用表电阻挡　R×1K 挡测量各脚之间的电阻值,并与正常值进行比较,若相差不大,则说明被测稳压器性能良好。若管脚间阻值与正常值相差较大,则说明被测稳压器性能不良或已经损坏。判断有无短路开路现象。表 11-2 至表 11-5 分别为 7800 系列、7900 系列、CW2930、LM317、LM350、LM338 各管脚间的电阻值,供测试时对照参考。

表 11-2　7800 系列管脚之间的电阻值

黑表笔位置	红表笔位置	正常电阻值/kΩ	不正常电阻值
V1	GND	15～45	
V0	GND	4～12	
GND	V1	4～6	0 或 ∞
GND	V0	4～7	
V1	V0	30～50	
V0	V1	4.5～5.0	

表 11-3　7900 系列管脚之间的电阻值

黑表笔位置	红表笔位置	正常电阻值/kΩ	不正常电阻值
−V1	GND	4.5	
−V0	GND	3	
GND	−V1	15.5	0 或 ∞
GND	−V0	3	
−V1	−V0	4.5	
−V0	−V1	20	

表 11-4　CW2930 各管脚间电阻值

红表笔所接管脚	黑表笔所接管脚	正常电阻值/kΩ
GND	Ui	24
GND	Uo	4

续表 11-4

红表笔所接管脚	黑表笔所接管脚	正常电阻值/kΩ
Ui	GND	5.5
Uo	GND	4
Uo	Ui	32
Ui	Uo	6

表 11-5　　LM317、350、338 各管脚间的电阻值

表笔位置		正常电阻值/kΩ		
黑表笔	红表笔	LM317	LM350	LM338
Ui	ADJ	150	75～100	140
Uo	ADJ	28	26～28	29～30
ADJ	Ui	24	7～30	28
ADJ	Uo	500	几十至几百	约 1000
Ui	Ui	7	7.5	7.2
Uo	Uo	4	3.5—4.5	4

问 3. 什么是具有复位功能的五端集成稳压器？

具有复位功能的五端集成稳压器主要是给 CPU 电路提供 5V 供电电压和复位信号。图 11-1 所示为五端 5V 集成稳压器内部电框图。下面以 L78MR05FA 为例说明，L78MR05FA 的输出电压为 5V，输出电流为 500mA，内有安全工作保护电路和过热保护电路，且具有复位功能，延迟时间可由外部电容来设置。图 11-2 所示为五端 5V 集成稳压器应用。

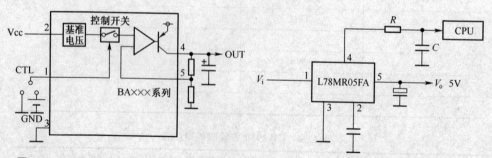

图 11-1　五端 5V 集成稳压器内部电路框图　　　图 11-2　五端 5V 集成稳压器应用

检测 L78MR05FA 时，先采用电阻法测量管脚间的阻值判断有无短路、开路现象，再采用在路电压法测量输出电压。

问 4. 什么是电压可控的五端集成稳压器？

输出电压可控的五端集成稳压器在家用电器中得到了广泛的应用,BAXXX系列五端稳压器是 ROHM(罗姆)公司生产的新型多端稳压器,该系列稳压器主要输出电压有 3.3V、5V、9V 等几种规格,BA 后面的数字代表输出电压,具体型号与输出电压对照表见表 11-6。

表 11-6　型号与输出电压对照表

型号	输出电压(V)
BA033ST/SFP	3.3
BA05ST/SFP	5.0
BA06SFP	6.0
BA07ST/SFP	7.0
BA08ST/SFP	8.0
BA09ST/SFP	9.0
BA10ST	10.0
BA12ST	12.0

BAXXX 系列五端稳压器内部电路框图如图 11-1 所示,其各引脚功能见表11-7。

表 11-7　BA×××系列五端稳压器各引脚功能

引脚号	引脚名	引脚功能
1	CTL	使能控制端,高电平时输出端输出电压,低电平时输出端停止输出
2	Vcc	电源电压输入端
3	GND	接地端
4	OUT	稳压输出端
5	C	输出电压调整端(适用于后缀名为 AST/ASFP 的型号)
	N.C	空脚(适用于后缀名为 ST/SFP 的型号)

BAXXX 系列五端稳压器内部有过热保护电路,当温度超过常温 25℃时,输出功率开始随着温度的升高而下降;当温度超过 125℃时,输出电压下降为 0。还有过压保护电路,当输入端电压超过限定值时,输出端输出电压下降为 0。

该系列稳压器 1 脚为控制端,当该脚接高电平时,稳压器输出端 4 脚输出正常的 5V;当该脚接低电平时,输出端 4 脚停止输出。

L780SO5FA 与其功能相同,1 脚为电压输入端,2 脚为空,3 脚为地,4 脚为控制端,5 脚为输出端。当 4 脚为低电位时,L780SO5FA 的 5 脚可输出稳定的 5V 电压;当 4 脚电压为高电位时,L780SO5FA 关断,无 5V 输出。

　　检测电压可控的五端集成稳压器时先用电阻法判断有无击穿现象,再用在路电压法测量。需要说明的是:只有控制脚电位高或低变化时,输出脚才有输出或无输出,在用电压法测试时,要将控制脚置低电位,再将控制脚置高电位测量,否则容易引起误判。

问 5. 什么是高增益并联可调基准稳压器 TL431A/B?

　　三端并联可调基准稳压源集成电路广泛地应用于开关电源的稳压电路中,外形与晶体管类似,但其内部结构和晶体管却不同。三端并联可调基准稳压器与简单的外电路相组合就可以构成一个稳压电路,其输出电压在 2.5~36V 之间可调。在开关电源电路中,三端并联可调基准稳压器还常用作三端误差信号取样电路,常用的为 TL431。

　　图 11-3 所示为 TL431 外形结构及内部示意图。图 11-3a 所示为 TL431 的外形及引脚排列图,3 个引脚分别为阴极(K)、阳极(A)和取样(R,有时也用 G 表示)。它的输出电压用取样端外接两个电阻就可以任意地设置到从 2.5~36V 范围内的任意值。

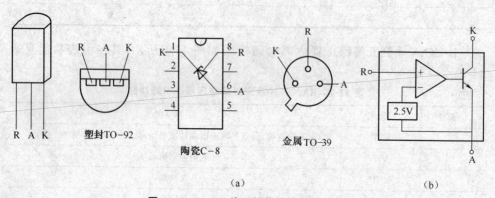

图 11-3　TL431 外形结构及内部示意图

(a)外形及引脚　(b)内部电路图

　　图 11-3b 所示为 TL431 的内部电路图。从图中可以看出,R 端接在内部比较放大器的同相输入端,当 R 端电压升高时,比较放大器的输出端电压也上升,即内部晶体管基极电压上升,导致其集电极电压下降,即 K 端电压下降。

第 12 章　开关与继电器

问 1. 电器中应用的开关有哪些?

开关按结构分有微动开关、船形开关、钮子开关、拨动开关、按钮开关、按键开关等。

开关的主要工作元件是触点(又称接点),依靠触点的闭合(即接触状态)和分离来接通和断开电路。在电路要求接通时,通过手动或机械作用使触点闭合;在电路要求断开时,通过手动或机械作用使触点分离。触点或簧片需具有良好的导电性。触点的材料为铜、铜合金、银、银合金、表面镀银、表面镀银合金。用于低电压(如直流 2V)的开关,甚至还要求触点表面镀金或金合金。簧片要求具有良好的弹性,多采用厚度为 0.35~0.50mm 的磷青铜、铍青铜材料制成。

问 2. 对开关的性能要求有哪些?

①触点能可靠地通断。为了保证触点在闭合位置时能可靠地接通,要求两触点在闭合时要具有一定的接触压力。

②两触点接触时的接触电阻要小于某一值。如电源开关的触点、定时器的主触点及多数开关的触点的初始接触电阻不能大于 30mΩ,经过寿命试验后,接触电阻不能大于 200 mΩ。接触压力不足将会产生接触不良、开关时通时断的故障,常说的触点"抖动"现象就是接触压力不足造成的。如接触电阻大将会使触点温度升高,严重时会使接触点熔化而粘结在一起。

③要求安装位置固定,簧片和触点定位可靠。

④开关的带电部分与有接地可能的非带电金属部分及人体可能接触的非金属表面之间要保持有足够的绝缘距离,绝缘电阻应在 20MΩ 以上。

问 3. 如何检测开关?

常用检查方法有 3 种,即观察法、万用表检查法、短接检查法。

(1)观察法

对于动作明显、触点直观的开关,可采用目视观察法检查。将开关置于正常工作时的状态,观察触点是否接触或分离,同时观察触点表面是否损坏、是否积炭、是否有腐蚀性气体腐蚀生成物(如针状结晶的硫化银、氯化银),触点表面是否变色、两触点位置是否偏移。对于不正常的开关,通过手动和观察也可检查出动作是否正常及故障原因。

（2）万用表检查法

对于触点隐蔽、难于观察到通断状态的开关，如自动型洗衣机上的水位开关、封闭型琴键开关，可以用万用表测电阻的方法来检查。在开关应该接通的位置，测定输入端和输出端的电阻，如阻值为无穷大，则为断开；如果阻值为零或近于零，则是正常；若有一定阻值，则说明接触不良，阻值越大，接触不良的现象就越严重。

（3）短接检查法

对于装配于整机上的开关，最简单的检查方法是短接法。当包含某一个开关的电路不能正常工作、怀疑该开关有故障时，那么可以将此开关的输入端和输出端用导线连接起来，即通常所说的短接。如果短接后，原来的不正常状态转为正常状态了，则这个开关有故障。

问 4. 电磁继电器结构是什么？

电磁继电器是一种电子控制器件，主要由铁心、线圈、衔铁、触点、簧片等组成。实际上是用较小的电流、较低的电压去控制较大电流、较高电压的一种"自动开关"。只要在线圈两端加上一定的电压，线圈中就有一定的电流流过，铁心就会产生磁场，该磁场产生强大的电磁力，吸动衔铁带动簧片，使簧片上的触点动作。当线圈断电时，铁心失去磁性，电磁的吸力也随之消失，衔铁就会离开铁心，由于簧片的弹性作用，衔铁压迫而接通的簧片触点就会断开。图 12-1 所示为电磁继电器的结构和电路符号图。

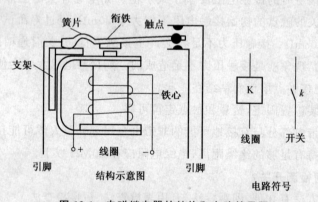

图 12-1　电磁继电器的结构和电路符号图

问 5. 电磁继电器的主要参数有哪些？

（1）额定工作电压（或额定工作电流）　它指继电器可靠工作时加在线圈两端的电压（或流过线圈的电流）。应用时加在线圈两端的电压或电流不应超过此值。

（2）直流电阻　它指继电器线圈的直流电阻。额定电压 U、额定电流 I、直流电阻 R 之间的关系为：$R = U/I$

使用中，若已知工作电压和电流，可按欧姆定律求出额定工作电流。

（3）吸合电压（或电流） 它指继电器能够产生吸合动作的最小电压（或电流）。如果只给继电器线圈加上吸合电压，吸合动作是不可靠的，因为电压稍有波动继电器就有可能恢复到原始状态。在实际使用中，要使继电器可靠地吸合，所加电压可略高于额定工作电压，但一般不要大于额定工作电压的 1.5 倍，否则易使线圈烧毁。

（4）释放电压（或电流） 当继电器由吸合状态恢复原位时，所允许残存于线圈两端的最大电压（或电流）。使用中，控制电路在释放继电器时，其残存电压（或电流）必须小于释放电压（或电流），否则继电器将不能可靠释放。

（5）触点负荷 它指继电器触点允许施加的电压和通过的电流。它决定继电器控制电压和电流大小的能力。使用时不能用触点负荷小的继电器去控制高电压或大电流。

问 6. 如何识别与检测继电器？

（1）判别类型（交流或直流） 电磁继电器分为交流与直流两种，在使用时必须加以区分。因为交流电不断呈正弦变化，当电流经过零值时，电磁铁的吸力为零，这时衔铁将被释放；伴着交流电的不断变化，衔铁也将不断地被吸入和释放，势必产生剧烈的振动。为了防止这一现象的发生，在其铁心顶端，装有一个铜制的短路环。短路环的作用是当交变的磁通穿过短路环时，在其中产生感应电流，从而阻止交流电过零时原磁场的消失，使衔铁和磁轭之间维持一定的吸力，从而消除了工作中的振动。另外，在交流继电器的线圈上常标有"AC"字样。直流电磁继电器则没有铜环，在直流继电器上标有"DC"字样。有些继电器标有 AC/DC，则要按标称电压来正确使用。

（2）测量线圈电阻 根据继电器标称直流电阻值，将万用表置于适当的电阻挡，可直接测出继电器线圈的电阻值。即将两表笔接到继电器线圈的两引脚，万用表指示应基本符合继电器标称直流电阻值。

（3）判别触点的数量和类别 在继电器外壳上标有触点及引脚功能图，可直接判别；如无标注，可拆开继电器外壳，仔细观察继电器的触点结构，即可知道该继电器有几对触点，每对触点的类别以及哪个簧片构成一组触点对应的是哪几个引出端。

（4）检查衔铁工作情况 用手拨动衔铁，看衔铁活动是否灵活，有无卡的现象。如果衔铁活动受阻，应找出原因加以排除。另外，也可用手将衔铁按下，然后再放开，看衔铁是否能在弹簧（或簧片）的作用下返回原位。注意，返回弹簧比较容易被锈蚀，应作为重点检查部位。

（5）检测继电器工作状态 图 12-2 所示为继电器测试电路。按图连接好电路，将稳压电源的电压从低逐渐向高缓慢调节，当听到衔铁"嗒"一声吸合时，记下吸合电压和电流值。

当继电器产生吸合动作以后，再逐渐降低线圈两端的电压，这时表上的电流读数将慢慢减小，当减到某一数值时，原来吸合的衔铁就会释放掉，此时的数据便是释放电压和释放电流。一般继电器的释放电压是吸合电压的10%～50%。如果被测继电器的释放电压小于1/10吸合电压，此继电器就不应再继续使用了。

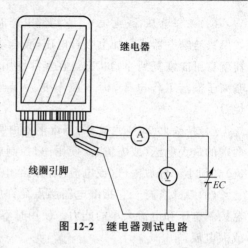

图 12-2　继电器测试电路

（6）测量触点接触电阻　用万用表R×1挡先测量一下常闭触点的电阻，阻值应为零。然后测量一下常开触点的电阻，阻值应为无穷大。接着按下衔铁，这时常开触点闭合，电阻变为零；常闭触点打开，电阻变为无穷大。如果动静触点转换不正常，可轻轻拨动相应的簧片，使其充分闭合或打开。如果触点闭合后接触电阻极大或触点已经熔化，则继电器不能再继续使用。若触点闭合后接触电阻时大时小不稳定，但触点完整无损，只是表面颜色发黑，这时应用细砂纸轻擦触点表面，使其接触良好。

（7）估计触点负荷　要确切了解继电器的触点负荷值，应去查阅有关手册或资料，但有时也可凭经验进行估计。一般触点大、衔铁吸合有力、干脆、体积大的继电器，触点负荷也比较大。

注意，在上述几项测量中，测试直流继电器时，EC应采用直流电源。若所测为交流继电器时，则 E 应采用交流电源，相应的万用表也应使用 AC50mA 挡接入电路。

问 7.　什么是固态继电器（SSR）？

固态继电器简称 SSR，是一种由集成电路和分立元件组合而成的无触点电子开关器件。由于在开关过程中无机械接触部件，因此具有工作可靠、寿命长、噪声低、开关速度快和工作频率高等特点。目前，这种器件已在许多自动化控制装置中取代了电磁式继电器，而且还广泛用于电磁继电器无法应用的领域。

问 8.　固态继电器有什么特点

固态继电器的种类很多，按其所控制的负载电源区分，主要有交流固态继电器（AC-SSR）和直流固态继电器（DC-SSR）两类。图 12-3 所示为直流固态继电器的内部原理及电路符号图，图 12-4 所示为交流固态继电器的内部原理图及电路符号。其中，AC-SSR 为四端器件，以双向晶闸管（TRIAC）作为开关器件，用以控制交流负载电源的通断,触点形式多为常开式;DC-SSR 有的为五端器件,有的则为四端器件,以功率晶体管作为开关器件,用来控制直流负载的通断。

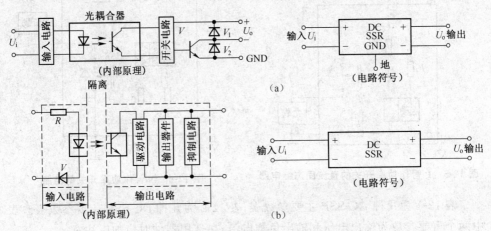

图 12-3 直流固态继电器的内部原理及电路符号

(a)五端 DC SSR 内部原理和电路符号 (b)四端 DC SSR 内部原理和电路符号

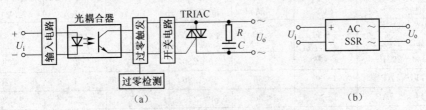

图 12-4 交流固态继电器的内部原理及电路符号

(a)内部原理 (b)电路符号

问 9. 固态继电器是怎样工作的?

固态继电器的输入端仅需要很小的控制电流,且能与 TTL、CMOS 等集成电路实现良好兼容。固态继电器是应用功率晶体管或双向晶闸管及场效应晶体管作开关器件来接通或断开负载电源。图 12-5 所示是由 P 管作功率开关的直流固态继电器,图 12-6 所示是用 N 管作功率开关的电路。它们主要由光电耦合器及功率 MOSFET 组成。

图 12-5 所示的工作原理是:V_{con} 控制端高电平;控制信号电压经限流电阻 R_1 及红外发光二极管到地形成红外发光二极管正向电流 I_F。红外发光二极管发出的红外线使光敏晶体管导通,产生集电极电流 I_C;R_2 的两端与 P 管的源极 S 及栅极 G 相连接,I_C 流过 R_2 产生的压降($I_C \times R_2$)给 P 管提供了 $-V_{GS}$。若 $-V_{GS} \geqslant$ 5V,P 管可提供足够大的漏极电流 $-I_D$,以满足负载的需要。

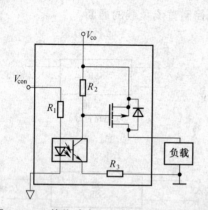

图 12-5 P 管作功率开关的直流固态继电器

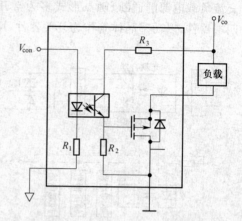

图 12-6 N 管作功率开关的电路

表 12-1 为几种 AC-SSR 主要参数表,表 12-2 为几种 DC-SSR 主要参数表。表中两个重要参数为输出电压和输出负载电流,在选用器件时应加以注意。

表 12-1 几种 AC-SSR 主要参数

参数 型号	输入电压 （V）	输入电流 （mA）	输出负载 电压（V）	断态漏电流 （mA）	输出负载电流 （A）	通态压降 （V）
V23103－S 2192－B402	3～30	＜30	24～280	4.5	2.5	1.6
G30－202P	3～28		75～250	＜10	2	1.6
GTJ－1AP	3～30	＜30	30～220	＜5	1	1.8
GTJ－2.5AP	3～30	＜30	30～220	＜5	2.5	1.8
SP1110		5～10	24～140	＜1	1	
SP2210		12～20	24～280	＜1	2	
JGX－10F	3.2～14	20	25～250	10	10	

表 12-2 几种 DC-SSR 主要参数

参数名称	♯675	GTJ-0.5DP	GTJ-1DP	16045580
输入电压(V)	12～32	6～30	6～30	5～10
输入电流(mA)	12	3～30	3～30	3～8
输出负载电压(V)	4～55	24	24	25
输出负载电流(A)	3	0.5	1	1
断态漏电流(mA)	4	10(μA)	10(μA)	0.6
通态压降(V)	2(2A 时)	1.5(1A 时)	1.5(1A 时)	0.6
开通时间(μs)	500	200	200	
关断时间(ms)	2.5	1	1	

①输出负载电压。它指在给定的条件下,器件能承受的稳态阻性负载的允许电压有效值。

②输出负载电流。它指在给定条件下(如环境温度、额定电压、功率、有无散热器等),器件所能承受的电流最大有效值。应按规定值使用,防止因过载而损坏固态继电器。

问 10. 如何检测固态继电器?

(1)识别输入、输出引脚检测好坏

在交流固态继电器的本体上,输入端一般标有"＋""－"字样,输出端则不分正负。直流固态继电器一般在输入和输出端均标有"＋""－",并注有"DC 输入""DC 输出"的字样,以示区别。用万用表判别时,可使用 R×10kΩ 挡分别测量四个引脚间的正、反向电阻值。其中必定能测出一对管脚间的电阻值符合正向导通、反向截止的规律。即正向电阻比较小,反向电阻为无穷大。据此便可判定这两个管脚为输入端,在正向测量时(阻值较小的一次测量),黑表笔所接的是正极,红表笔所接的则为负极,对于其他各管脚间的电阻值应为无穷大。常用固态继电器的管脚间的电阻值见表 12-3。

表 12-3　常用固态继电器的管脚间的电阻值

红表笔	输入＋	输入－	输入	输出	输出＋	输出－
黑表笔	输入－	输入＋	输出	输入	输出－	输出＋
阻值	反向∞	正向较小	∞	∞	正向∞	反向∞

对于直流固态继电器,找到输入端后,一般与其横向两两相对的便是输出端的正极和负极。

注意,有些固态继电器的输出端带有保护二极管,测试时可先找出输入端的两个引脚,然后采用测量其余三个引脚间正、反向电阻值的方法区别公共地、输出＋、输出－。

(2)检测输入电流和带载能力

图 12-7 所示为输入电流和带载能力的测试电路。测试时,输入电压选用直流 3~6V。将万用表置于直流 50mA 挡接入电路。RP 为 1kΩ 电位器调整输入电流的大小。输出端串入 220V 交流市电,EL 为一只 200V/100W 的白炽灯泡,作为交流负载。电路接通后,调整 RP,万用表指示在规定范围内变化,灯泡能正常熄灭、正常发光,说明继电器性能良好。

按照上述方法,也可检测 DC-SSR 的性能好坏。但要将 DC-SSR 的输出端接直流电源和相应的负载。

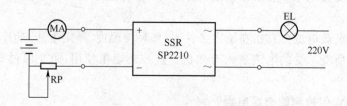

图 12-7　输入电流和带载能力的测试电路

问 11. 如何检测固态继电器组件?

(1)固态继电器组件的结构特点

固态继电器组件是由多只单个固态继电器组合在一起而构成的。由于其内部各组 SSR 的一致性很好,且相互独立,所以使用方法比较灵活,既可以单独接入电路,又可以几组 SSR 并联以扩展负载电流或串联使用来提高负载电源电压。

表 12-4 列出了几种交流固态继电器组件的主要参数。图 12-8 是固态继电器组件的外形和内部电路图。

表 12-4　几种交流固态继电器组件的主要参数

型号	SSR 组数	每组负载电压(V)	每组负载电流(A)	外形尺寸 L×W×h(mm)
3X2A110V	3	110	2	
3X2A220V	3	220	2	32×25×14
6X2A110V	6	110	2	
6X2A220V	6	220	2	

(2)固态继电器组件的检测方法

用 R×10kΩ 挡先判别出所有输入端,即输入端正向电阻小,反向电阻大,并区分出正、负极;再按图 12-8 的连接方法,依次判别出对应的输出端,并按单组检测输入电流和带载能力的方法判别带载能力。

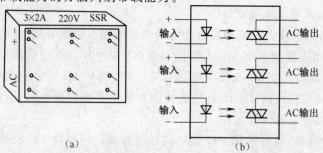

图 12-8　固态继电器组件的外形和内部电路图

(a)外形　(b)内部结构

问 12. 什么是干簧管?

干簧管也称舌簧管或磁簧开关,是一种磁敏的特殊开关,是干簧继电器和接近开关的主要部件。干簧管具有结构简单、体积小、寿命长、动作灵活、防腐、防尘、便于控制等优点,在电子产品中作为开关器件。干簧管按体积的大小可分为微型、小型、大型几种。

干簧管接点的形式常见的有常开接点(H 型)与转换接点(Z 型)两种。图 12-9 所示为干簧管结构图。图 12-9a 所示为常开接点的干簧管,平时它的接点打开,当簧片被磁化时,接点闭合;图 12-9b 所示为转换接点的干簧管。簧片 1 用导电而不导磁的材料做成,簧片 2、3 仍是用既导电又导磁的材料制成。平时,靠弹性使簧片 1 和 3 闭合,当永久磁铁靠近它时,簧片 2、3 被磁化而吸引,使簧片 2、3 闭合,这样就构成了一个转换开关。干簧管的簧片接点间隙一般为 1~2mm,两簧片的吸合时间极短,通常小于 0.15ms。

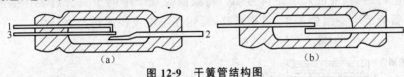

图 12-9 干簧管结构图

(a)H 型接点   (b)Z 型接点

图 12-10 所示为干簧管电路符号、工作原理图及外形图。它把既导磁又导电的材料做成簧片平行地封入充有惰性气体(如氮气、氦气等)的玻璃管中组成开关元件。簧片的端部重叠并留有一定间隙以构成接点。

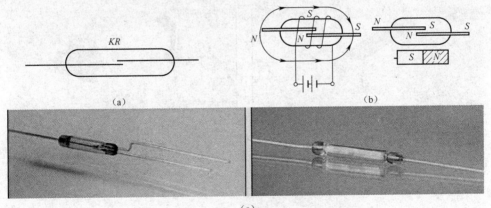

图 12-10 干簧管电路符号、工作原理及外形图

(a)符号   (b)原理图   (c)外形

当永久磁铁靠近干簧管使簧片磁化时,簧片的接点部分就产生极性相反的磁极。异性磁极相互吸引,当吸引的磁力超过簧片的弹力时,接点就会吸合;当磁力减小到一定值时,接点又会被簧片的弹力所打开。

问13. 怎样检测干簧管？

将万用表置于 R×1 挡，两表笔分别任意接干簧管的两个引脚，阻值应为无穷大。用一块小磁铁靠近干簧管，可看到簧片动作，同时万用表指针应向右摆动至零，说明两簧片已接通。然后将小磁铁移开干簧管，万用表指针应向左回摆至无穷大。若磁铁靠近干簧管时，簧片不能吸合（万用表指针不动或摆不到零位），说明其内部簧片的接点间隙过大或已发生位移；若移开磁铁后，簧片不能断开，说明簧片弹性已经减弱，不能使用。

对于三端转换式干簧管，同样可采用上述方法进行检测。但在操作时要分清三个接点的相互关系，按上述方法测试并做出正确的判断。

问14. 什么是干簧管继电器？

干簧管继电器是利用线圈通过电流产生的磁场切换触点，图 12-11 所示为干簧管继电器结构、外形及电路符号图。将线圈及线圈中的干簧管封装在磁屏蔽盒内。干簧管继电器结构简单、灵敏度高，常用在小电流快速切换电路中。

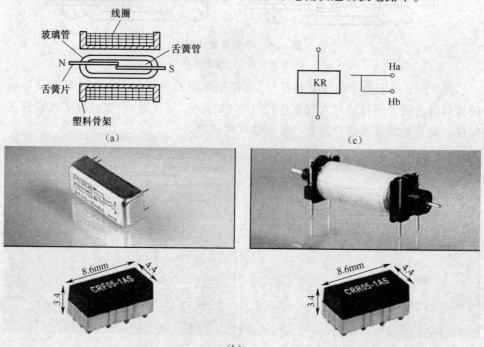

图 12-11　干簧管继电器结构、外形及电路符号

(a)结构　(b)外形　(c)电路符号

问15. 怎样检测干簧管继电器？

检测方法可直接给干簧管继电器加额定电压，当听到接点吸合声音时，测开关引脚阻值应为零，否则为坏。

第13章 传 感 器

问 1. 什么是传感器？有哪些作用？

传感器是一种检测装置，能感受到被测量的信息，并能将感受到的信息按一定规律变换成为电信号或其他所需形式的信息输出，以满足信息的传输、处理、存储、显示、记录和控制等要求。传感器技术广泛应用在工业自动化、能源、交通、灾害预测、安全防卫、环境保护、医疗卫生及日常生活等方面。

问 2. 传感器有哪些种类？

传感器按被测量进行分类时，可分为压力、温度、速度、加速度、位移、湿度等非电量，相应可分为温度传感器、压力传感器等。按传感器工作原理可分为电阻式传感器、电容式传感器、电感式传感器、压电式传感器、霍尔式传感器、光电式传感器、超声波传感器等。按传感器输出信号的性质，可分为开关型传感器、模拟型传感器、数字式传感器等。

问 3. 什么是传感器的测量电路？

在传感器技术中，通过测量电路把传感器输出的信号进行加工处理，以便于显示、记录和控制。通常传感器测量电路有模拟电路和开关型测量电路。

图 13-1 所示为开关型传感器测量电路。被测信息经敏感元件转换为非电量，输出经输出电路得到各种数据。

图 13-1　开关型传感器测量电路

问 4. 什么是热释电人体红外传感器？

采用热释电人体红外传感器制造的被动红外探测器用于控制自动门、自动灯及高级光电玩具等。

热释电人体红外传感器一般都采用差动平衡结构，由敏感元件、场效应晶体管，高值电阻等组成，图 13-2 所示为热释电人体红外传感器的结构与内部电气连接图。其中 13-2a 为内部结构图，图 13-2b 为内部电气连接图。

（1）敏感元件

敏感元件是用热释电人体红外材料（通常是锆钛酸铝）制成的，先把热释电材

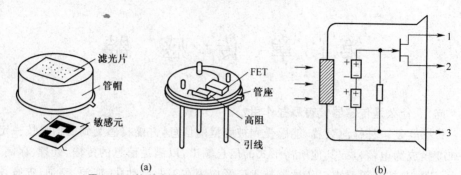

图 13-2　热释电人体红外传感器的结构与内部电气连接图

(a)内部结构　(b)内部电气连接图

料制成很小的薄片,再在薄片两面镀上电极,构成两个串联敏感元把它们做在同一晶片上,这是为了抑制由于环境与自身温度变化而产生热释电信号干扰。热释电人体红外传感器在实际使用时,前面要安装透镜,通过透镜的外来红外辐射只会在一个敏感元上,它所产生的信号不致抵消。热释电人体红外传感器的特点是它只在由于外界的辐射而引起它本身温度变化时才给出一个相应的电信号,当温度的变化趋于稳定后就再没有信号输出,所以说热释电信号与它本身温度的变化率成正比,或者说热释电红外传感器只对运动的人体敏感,应用于当今探测人体移动报警电路中。

(2)场效应晶体管和高阻值电阻 Rg

通常敏感元件材料阻值高达 $10^{13}\,\Omega$。因此要用场效应晶体管的阻抗变换才能实际使用。场效应晶体管常用 2SK303V3、2SK94X3 等来构成源极跟随器。高阻值电阻 Rg 的作用是释放栅极电荷,使场效应晶体管正常工作。一般在源极输出接法下,源极电压为 0.4~1.0V。通过场效应晶体管,传感器输出信号就能用普通放大器进行处理。

(3)滤光窗

热释电人体红外传感器中的敏感元件是一种广谱材料,能探测各种波长辐射。为了使传感器对人体最敏感,对太阳、电灯光等有抗干扰性,传感器采用了滤光片作窗口,即滤光窗。滤光片是在 S 基板上镀多层膜做成的。每个物体都发出红外辐射,其辐射最强的波长满足维思位移定律:

$$m \cdot T = 2989(\mu m \cdot k)$$

式中:m 为最长波长,T 为绝对温度。

人体温度为 36℃~37℃,即 309~310k,其辐射的红外波长 m = 2989/309~310=9.67~9.64μm。可见,人体辐射的红外线最强的波长正好在滤光片的响应波长 7.5~14mm 的中心处。故滤光窗能有效地让人体辐射的红外线通过,阻止太阳光、灯光等可见光中的红外线通过,免除干扰。所以热释电人体红外传感器只对人体和近似人体体温的动物有敏感作用。

(4)菲涅尔透镜

热释电人体红外传感器只有配合菲涅尔透镜使用才能发挥最大作用。不加菲涅尔透镜时,该传感器的探测半径可能不足 2m,配上菲涅尔透镜则可达 10m,甚至更远。菲涅尔透镜是利用普遍的聚乙烯制成的,安装在传感器的前面。透镜的水平方向上分成 3 部分,每一部分在竖直方向上又分成若干不同的区域,所以菲涅尔透镜实际是一个透镜组,图 13-3 所示为菲涅尔透镜的示意图。当光线通过透镜单元后,在其反面则形成明暗相间的可见区和盲区。每个透镜单元只有一个很小的视场角,视场角内为可见区,之外为盲区。相邻的两个单元透镜的视场既不连续,也不交叠,却都相隔一个盲区。当人体在这一监视范围中运动时,顺次地进入某一单元透镜的视场,又走出这一视场,热释电人体传感器对运动的人体一会儿看到,一会儿又看不到,再过一会儿又看到,然后又看不到,手使人体的红外线辐射不断改变热释电体的温度,使它输出一个又一个相应的信号。输出信号的频率为 0.1~10Hz,这一频率范围由菲涅尔透镜、人体运动速度和热释电人体红外传感器本身的特性决定。

菲涅尔透镜不仅可形成可见区和盲区,还有聚焦作用。其焦距一般为 5cm 左右,应用时不同传感器所配的透镜也不同。一般把透镜固定在传感器正前方 1~5cm 处。菲涅尔透镜形成圆弧状,透镜的焦距正好对准传感器敏感元的中心。

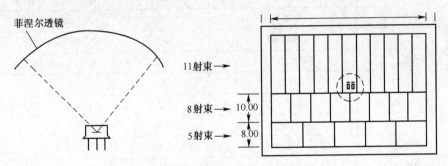

图 13-3　菲涅尔透镜的示意图

目前国内市场上常见的热释电人体红外传感器有上海尼赛拉公司的 SD02、PH5324 和德国海曼 Lhi954、Lhi958 以及日本的产品等。其中,SD02 适合防盗报警电路。

问 5. 热释电人体红外传感器如何应用?

在热释电人体红外传感器的应用中,其前级配用菲涅尔透镜,后级采用带通放大器,放大器的中心频率一般限 1Hz 左右。放大器带宽对灵敏度与可靠性的影响大。带宽窄,噪声小,误测率低;带宽宽,噪声大,误测率高,但对快、慢速移动响应好。放大器信号的输出可以是电平输出、继电器输出或可控硅输出等多种方式。图 13-4 所示为热释电人体红外报警器原理图。其中,热释电人体红外传感器用SD02,透镜采用 CE-024 型,探测角度是 84°。表 13-1 为 SD02 传感器的主要参数。

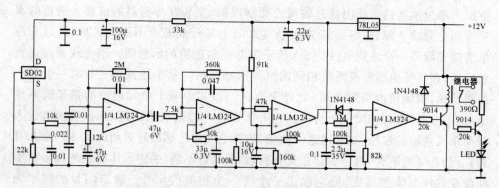

图 13-4　热释电人体红外报警器原理图

表 13-1　SD02 传感器的主要参数

灵敏元尺寸		2×1	mm×mm	备注
灵敏元间距		1	mm	420°k 黑体温度,1Hz 调制
信号		最小 1.7	V	φ12mm,d=40mm
噪声		典型 2.5	V	72.5dB 放大
		典型 60	mV	0.4～3.5Hz
平衡		最大 100%		B=(A-B)(A+B)
		典型 5	V	
工作电压		2.2～10	V	
		典型 13	μA	
工作电流		典型 0.6	V	
源极电压		-10～50	℃	
工作温度		-30～80	℃	
保存温度		106×96		
视场		1	mm	硅材料
窗口	基本厚度	6.6μm		
	前截止	大于 72%		7.5～14μm
	平均透过率	小于 0.1%		小于 μm

问 6. 什么是气敏传感器? 有哪些作用?

能够感知气敏浓度变化的器件称为气敏传感器。气敏传感器普遍用于石油、矿山、机械、化工等轻重工业以及普通家庭中关于气体中毒、火灾、爆炸、大气污染等事故的检测、报警和控制。在工业生产与人们的日常生活中,气敏传感器广泛地用来检测可燃性气体和毒性气体的泄漏,以防大气污染、爆炸、火灾、中毒等。气敏传感器种类较多,最常用的是半导体气敏传感器。

问 7. 气敏传感器有哪些特性?

半导体气敏元件是半导体气敏传感器的核心。它是利用半导体材料二氧化锡(SnO_2)对气体的吸附作用从而改变其电阻的特性制成的。图 13-5 所示为气敏传感器的结构及电路符号图。

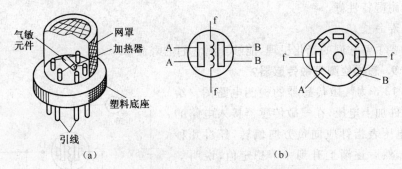

图 13-5　气敏传感器的结构及电路符号

(a)结构　(b)电路符号

当其表面吸附有被检测气体时,其半导体微晶粒子接触界面的导电电子比例会发生变化,从而使气敏元件的电阻值随被测气体的浓度而变化,于是就可将气体浓度的大小转化为电信号的变化。这种反应是可逆的,因此是可重复使用的。为了使反应速度加快,并得到高的灵敏度,通常需要对气敏元件用电流通过电热丝进行加热。加热的温度因气敏元件所用材料的不同而不同。

气敏元件在清洁空气中开始通电加热时,其电阻急剧下降,过几分钟后达到稳定值,这段时间称为被动期稳定时间。气敏元件的电阻处于稳定值后,还会随着被检测气体的吸附而发生变化。其电阻变化规律视半导体的类型而定。P 型半导体气敏元件阻值上升,N 型半导体气敏元件阻值下降。

气敏元件加热后,在正常空气中的电阻为静态电阻 Ro,放入一定被检测气体后的电阻值为 Rx,则 Ro 与 Rx 之比称为气敏元件的灵敏度。气敏元件接触被检测气体后,其阻值从 Ro 变为 Rx 的时间称为响应时间;当脱离气体后,阻值从 Rx 恢复到 Ro 的时间称为恢复时间。表 13-2 为国产气敏元件 QN32 与 QN60 的主要参数值。

表 13-2　QN32 与 QN60 气敏元件的主要参数

型号	加热 电流/A	回路 电压/V	静态 电阻/kΩ	灵敏度 (Ro/Rx)	响应时间 /s	恢复时间 /s
QN32	0.32	≥6	10~400	>3($H_2$0.1%中)	<30	<30
QN60	0.60	≥6	10~400	>3	<30	<30

问 8. 使用中怎样选择气敏传感器？

①对被测气体的灵敏度高，对每单位气体浓度的阻值变化量要大。

②对单一或多种被测气体的选择性好。

③对环境温度的依赖性小。

④耐湿特性好。

⑤寿命长。

⑥要了解它们的老化机理，能够预测它们的寿命。

问 9. 怎样检测气敏传感器？

图 13-6 为气敏传感器的检测电路图。给气敏元件加上电压，在气敏传感器接入电路的瞬间，电压表指针应向负方向偏转，经过几秒后回零，然后逐渐上升到一个稳定值，说明气敏传感器已达到预热时间，电流表应指示在150mA 以内，用某些气体（如酒精、液化气等）对准气敏探头，用万用表测 U₀两端电压，在有气体时应有变化，无变化为坏。（电压表变化幅度越大说明气敏传感器性能越好）。

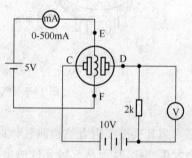

图 13-6　气敏传感器的检测电路

问 10. 什么是磁性传感器？

磁性传感器就是把磁场、电流、温度等磁性能的变化转变为电信号，即利用磁性质、磁通量变化来制作的传感器。

问 11. 什么是压磁式传感器？有哪些作用？

压磁式传感器是电感式传感器的一种，也称为磁弹性传感器，是一种新型传感器。压磁式传感器具有输出功率大、抗干扰能力强、精度高、线性好、寿命长、维护方便、运行条件要求低（能在一般有灰尘、水和腐蚀性气体的环境中长期运行）等优点。因此适合于重工业、化学工业部门，是一种十分有发展前途的传感器。目前广泛应用于冶金、矿山、造纸、印刷、运输等各个工业部门测量各种重量。

（1）压磁式传感器工作原理

压磁传感器的工作原理就是利用"压磁效应"。某些铁磁材料受到机械力（如压力、拉力、弯力、扭力)作用后,在其内部产生了机械应力,由此引起铁磁材料的磁导率发生变化。这种由于机械力作用而引起磁材料的磁性质变化的物理效应称为"压磁效应"。利用压磁效应制成的传感器叫作压磁式传感器(有时也叫做磁弹性传感器或磁滞伸缩传感器)。图13-7所示为压磁式传感器原理图。

图13-7a所示为变压器型压磁式传感器的压磁元件。在其两个对角线上,开有四个对称的小孔1、2和3、4。在孔1、2和3、4间分别绕以绕组,其中孔1、2间的绕组W_{12}通以励磁电流,叫作励磁(一次侧)绕组;孔3、4间的绕组W_{34}作为产生感应电势,叫作测量(二次侧)绕组。W_{12}与W_{34}的平面互相垂直,并与外力作用方向成45°夹角。当励磁绕组W_{12}通过一定的交流电流时,铁心中就产生了磁场。现假设把孔间分成A、B、C、D四个区域。图13-7b所示为传感器不受外力作用,由于铁心的磁各向同性,A、B、C、D四个区域的磁导率μ是相同的,此时磁力线呈轴对称分布,合成磁场强度H平行于二次侧绕组W_{34}的平面,磁力线不与绕组W_{34}交链,故W_{34}不会感应出电势。

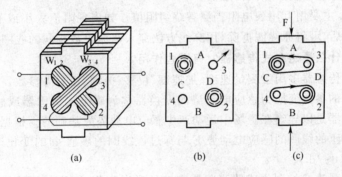

图13-7 压磁式传感器原理

(a)变压器型压磁传感器的压磁元件 (b)传感器不受外力作用 (c)传感器受外力作用

图13-7c所示为传感器受到外力F作用图,A、B区将承受很大应力,于是A、B区的磁导率下降,磁阻增大,而C、D区基本上仍处在自由状态,其磁导率仍不变。这样部分磁力线不再通过A、B区,而是通过磁阻较小的C、D区而闭合。于是原来是轴对称分布的磁力线被扭曲变形,合成磁场强度不再与W_{34}平面平行,而与绕组W_{34}交链,这样在测量绕组W_{34}中感应出电动势E。F力值越大,应力越大,转移磁通越多,E值也越大。将感应电动势E经过一系列变换后,就可建立F与电流I(或电压V)的线性关系,即可由输出I(或V)来表示被测力F的大小。

在测量大吨位的力时,常常把几个单片连在一起,形成一种多联冲片。把各个多联片叠起来,形成一个多联片压磁元件。它们的励磁绕组和测量绕组分别串联起来,这样传感器总的输出电流(或电压)即为各个单片压磁元件输出的总和。

（2）压磁式传感器的主要结构

压磁式传感器由外壳和压磁元件组成，外壳的作用主要是防止灰尘、氧化铁皮、水蒸气和油等介质侵入传感器内部。

压磁元件是由数十片至数百片铁磁材料的串片（或多联片）叠起来粘合在一起，并用螺栓连接。

（3）压磁式传感器的测量电路

压磁传感器的测量绕组输出电压值比较大，故一般不需要放大，只需通过整流、滤波，即可接到指示器指示。图 13-8 所示为压磁式传感器测量电路框图。

图 13-8　压磁式传感器测量电路框图

问 12. 怎样检测压磁式传感器？

检测时，主要用万用表电阻挡测各绕组阻值。如出现阻值太小或不通为损坏，当线圈损坏后，可将原线圈拆除，用穿线方法穿入与原匝数相同的线圈即可。

问 13. 什么是磁电式传感器？有哪些作用？

磁电式传感器多用于测量速度、加速度、位移、振动、扭矩等参数。

将被测的参数变换为感应电动势的变换器称为磁电式传感器或感应传感器。磁电式传感器是以导线在磁场中运动产生感应电动势为基础的。根据电磁感应定律，具有 W 匝的线圈的感应电动势 E 与穿过该线圈的磁通 Φ 的变化速度成正比，即 $E = -w(d_\Phi/d_t)$。

若机械量直接控制传感器线圈所交链的磁通变化，则这种传感器可以不经中间转换元件，而将机械运动的速度直接转换为与其成比例的电信号。

图 13-9 所示为磁电式传感器的原理图及应用框图，其中图 13-9a 所示是当线圈在磁场中做直线运动时产生感应电动势。图 13-9b 所示是线圈在磁场中做旋转运动时产生感应电动势的传感器。它相当于一个发电机，线圈 1 是经轴 2 与被测参数连接在一起在磁场内运动。有的传感器采用线圈静止，而磁铁运动。

当传感器的结构已定时，磁感强度及线圈总长 L 都为常数，因此感应电动势与线圈对磁场的相对运动速度成正比。所以磁电传感器只可用来测定线速度或角速度，但是由于速度与位移（或加速度）仅差一积分（或微分）关系，因此若在测量电路中接一积分电路，那么输出电动势就与位移量成正比关系；如果在测量电路中接一微分电路，则输出电势就与运动的加速度成正比关系。这样磁电式传感器除可测量速度外，还可用来测量运动的位移和加速度。磁电式传感器的输出量除了电动势的幅值大小外，也可以是输出电动势的频率值，如磁电式转速表即为一个例子。图 13-9c 所示为应用框图。

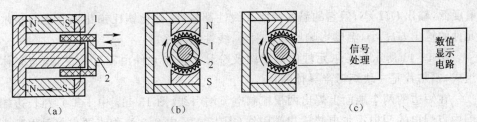

图 13-9　磁电式传感器原理图及应用框图

(a)线圈在磁场中做直线运动　(b)线圈在磁场中做旋转运动　(c)应用框图

问 14. 什么是霍尔元件磁电传感器？有哪些作用？

（1）霍尔效应

当一块通有电流的金属或半导体薄片垂直置于磁场中时,薄片两侧会产生电势的现象称为霍尔效应。这一电势即称为霍尔电势,图 13-10 所示为霍尔电势的形成图。设有一块半导体薄片,若沿 X 轴方向通过电流 I,沿 Z 轴方向施以磁场,其磁感应强度为 B,则在 Y 轴方向便会产生霍尔电势,霍尔电势 UH 表达式为：

$$UH = KHIB$$

式中：I——输入端（控制电流端）注入的工作电流（mA）；

　　B——外加的磁感应强度（T）；

　KH——灵敏度,它表示在单位磁感应强度和单位控制电流作用下霍尔电势的

　　　　大小,其单位是（Mv/Ma·T）；

　UH——霍尔电势（mV）。

若 B 与通电的半导体薄片平面的法线方向成 θ 角,则

$$UH = KHIB\cos\theta$$

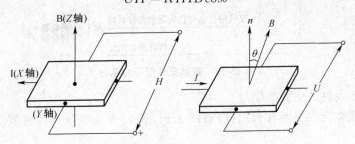

图 13-10　霍尔电势的形成

（2）霍尔元件

①霍尔元件的构成与命名方法。

霍尔元件就是利用霍尔效应制作的半导体器件。尽管如上所说,金属薄片也具有霍尔效应,但其灵敏度很低,不宜制作霍尔元件。霍尔元件一般由半导体材料制成,且大都采用 N 型锗（Ge）、锑化铟（InSb）和砷化铟（InAs）材料。锑化铟制成的霍尔元件,灵敏度最高,输出 UH 较大,受温度的影响也大；锗制成的霍尔元件灵

敏度低,输出 UH 小,但它的温度特性及线性都较好;砷化铟比锑化铟制成的霍尔元件的输出 UH 小,温度影响比锑化铟小,线性也较好。

图 13-11 所示为霍尔元件的示意图及符号。霍尔元件由霍尔片、引线与壳体组成,霍尔片是一块矩形半导体薄片。

在短边的两个端面上焊出两根控制电流端引线(图 13-11a 中 1、1′),在长边端面中点焊出的两根霍尔电势输出端引线(图 13-11a 中 2、2′),焊点要求接触电阻小(即为欧姆接触)。霍尔片一般用非磁性金属、陶瓷或环氧树脂封装。

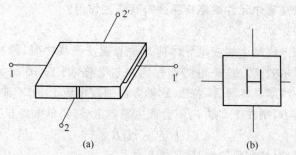

(a)   (b)

图 13-11   霍尔元件的示意图及符号

(a)示意图   (b)符号

图 13-12 所示为霍尔元件型号命名法。

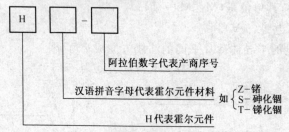

图 13-12   霍尔元件型号命名法

②霍尔元件的主要参数。

国产霍尔元件主要有 HZ、HT、HS 系列,表 13-3 为霍尔元件典型产品的主要参数表。

表 13-3   霍尔元件典型产品的主要参数

型号	外形尺寸 (mm)	电阻率 P ($\Omega \cdot cm$)	输入电阻 $R_i(\Omega)$	输出电阻 $R_o(\Omega)$	灵敏度 KH (Mv/mA·T)	控制电流 $I(mA)$	工作温度 $t(℃)$
HZ-1	8×4×0.2	0.8~1.2	110	100	>12	20	−40~45
HZ-4	8×4×0.2	0.4~0.5	45	40	>4	50	−40~75
HT-1	6×3×0.2	0.003~0.01	0.8	0.5	>1.8	250	0~40
HS-1	8×4×0.2	0.01	1.2	1	>1	200	−40~60

表中所列 R_i、R_o 的值一般允许有 ±20% 的误差。I 均为典型值。

（3）霍尔传感器

霍尔传感器是将霍尔元件、放大器、温度补偿电路及稳压电源等做在一个芯片上。霍尔传感器是利用霍尔效应与集成技术制成的半导体磁敏器件，具有灵敏度高、可靠性好、无触点、功耗低、寿命长等优点，适于自控设备，仪器仪表上的速度传感、位移传感等。国产有 SLN 系列、CSUGN 系列、DN 系列产品等。

有些霍尔传感器的外形与 PID 封装的集成电路外形相似，故也称为霍尔集成电路。霍尔传感器按输出端功能可分为线性型及开关型两种。图 13-13 所示为霍尔传感器的电原理结构图，按输出级的输出方式分有单端输出与双端输出。

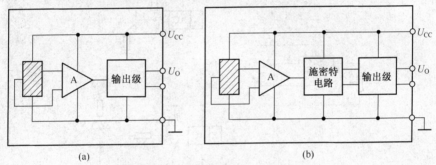

图 13-13　霍尔传感器的电原理结构图

(a)线性型　(b)开关型

问 15. 什么是开关霍尔元件磁电传感器？

开关霍尔传感器由霍尔元件、放大器、旋密特整形电路和输出级等部分组成，通常又称为"霍尔开关"。图 13-14 所示为开关霍尔元件磁电传感器的工作特性图。

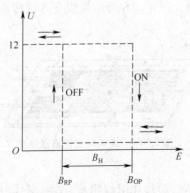

图 13-14　开关霍尔元件磁电传感器的工作特性

由图 13-14 可看出，工作特性有一定磁滞，使开关动作更为可靠，Bop 为工作点"开"的磁场强度,B_{RP} 为释放点"关"的磁场强度。

问 16. 怎样检测霍尔元件磁电传感器?

图 13-15 所示是霍尔元件磁电传感器的典型应用电路。给霍尔元件/霍尔传感器加上电压,用一磁铁在霍尔元件/霍尔传感器上晃动,在磁铁晃动时,用万用表测 V_0 电压,电压表指针应偏转,无变化为坏。(电压表变化幅度越大,说明传感器性能越好)将 V_0 电压送到相应的处理电路,即可完成检测。霍尔传感器输出端的执行元件可以是晶体管,也可以是晶闸管及继电器等元件。

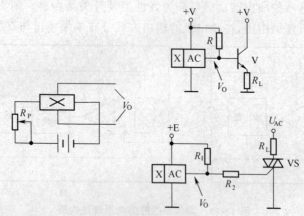

图 13-15　霍尔元件磁电传感器的典型应用电路

问 17. 什么是应变片式力敏传感器?

在日常生活中,人人都能感受到力的存在,对力的测量和控制越来越受到人们的重视。力敏元件和力敏传感器应运而生,受到了各行各业有识之士的青睐,用它们组装的力敏测量控制电路已广泛地应用到方方面面,应用最多的力敏传感器是电阻应变片式测力传感器。图 13-16 所示为应变片式传感器结构图。

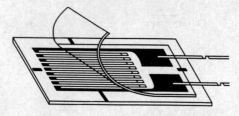

图 13-16　应变片式传感器结构

(1)应变片式传感器

应变片由敏感栅、基底、盖片和引线组成,文字符号用"RF"表示。敏感栅做成栅状,对沿着栅条纵轴方向的应力变化最敏感,粘接在胶质膜基底上,上面粘有盖片,基底和盖片起着保护敏感栅和传递性表面应变和电气绝缘的作用。电阻应变片不能直接测力,需要用聚丙烯酸酯等有机黏合剂或者耐高温的磷酸盐等粘贴在弹性元件受力表面,用来传感试件表面应力的变化。这个被贴物体被称为弹性体。根据弹性体不同,可用于不同方面力的测量。

(2)常用的测量电路

在力敏电桥中,粘贴在弹性体上起测量作用的力敏应变片叫做工作片,而把粘贴在弹性体上作温度补偿用的力敏应变片叫作补偿片。

图 13-17 所示为单片工作半桥式力敏电桥电路。R_{F1} 为工作片,R_{F2} 为补偿片,R_1、R_2 为金属膜电阻器。图 13-17c 示意 R_{F1} 粘贴在圆柱形弹性体上,用来检测轴向拉伸或压缩所产生的力 F;R_{F2} 是用于温度补偿的力敏应变片,在这里是将它粘贴在传感器内的其他部位,凡不影响弹性体形变的地方均可,也可放置在印制电路板上,图 13-17b 的方框则表示 R_{F2}、R_1、R_2 置于一块印制电路板上。

工作原理:当弹性体受到轴向拉伸或压缩力 F 时,弹性体产生应变,粘贴在该弹性体上的力敏应变片 R_{F1} 也相继产生应变,其阻值发生变化。而此时的 R_{F2}、R_1、R_2 阻值不变,这就破坏了力敏电桥原来的平衡,于是在该电桥有输出端产生了输出信号 U_0。由于 R_{F1} 的电阻值变化与所产生的应变成正比例关系,应变又是与加在弹性体力 F 成正比的,所以该力敏电桥的输出信号 U_0 与施加在轴向的拉伸或压缩力 F 也是成正比例关系的,这样就能测出外力 F 了。将此输出电压经放大处理后输出,可控制负载工作(如压力表、继电器等)。

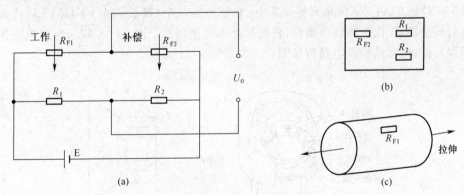

图 13-17 单片工作半桥式力敏电桥电路
(a)力敏电桥 (b)外形 (c)受力方向图

问 18. 怎样检测力敏传感器?

检测力敏传感器时,用万用表电阻挡可直接测量电阻值。但因制造工艺不同,电阻值稍有差别。另外还可接上图 13-17 电路,接入电源后,直接测 U_0 的电压变化,以检测电桥的好坏。当电桥损坏后,可将原力敏元件拆下,用同规格应变片电阻换上即可(可用 502 粘贴)。

石英晶体在某一方向施加压力时,它的两个表面会产生相反的电荷,电荷量与压力成正比,这种现象称之为压电效应,具有压电效应的物体称之为压电体。利用压电体可以制成压电传感器,是一种自发电式传感器,把力、压力、加速度等非电量转换为电量。

检测时,用万用表电流挡接压电片,轻轻敲击或碰撞压电陶瓷片时,由于弯曲变形而产生电荷,表针摆动说明是好的。

问 19. 什么是超声波与超声波传感器？有哪些作用？

超声波传感器是近年来常用的敏感元器件之一,用它组装成车辆倒车防撞电路及其他检测电路。超声波传感器分为发射器和接收器,发射器将电磁振荡转换为超声波向空间发射,接收器将接收到的超声波转换为电脉冲信号。它的具体工作原理如下：当 40kHz(由于超声波传感的声压能级、灵敏度在 40kHz 时最大,所以电路一般选用 40kHz 作为传感器的使用频率)的脉冲电信号由两引线输入后,由压电陶瓷激励器和谐振片转换成为机械振动,经锥形辐射器将超声振动向外发射出去,发射出去的超声波向空中四面八方直线传播,遇有障碍物后它可以发生反射。接收器在收到由发射器传来的超声波后,使内部的谐振片谐振,通过声电转换作用将声能转换为电脉冲信号,然后输入到信号放大器驱动执行机构动作。

问 20. 超声波与超声波传感器有哪些参数？

常用的超声波传感器有 T40-XX、R40-XX 系列、UCM-40T、UCM-40R 和 MA40XXS、MA40XXR 系列等。其中,型号的第一个(最后一个)字母 T(S)代表发射传感器,R 代表接收传感器,它们都是成对使用的。图 13-18 所示为超声波传感器外形、内部结构及电路符号图。

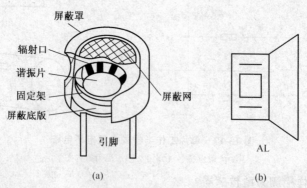

屏蔽罩
辐射口
谐振片
固定架
屏蔽底版
屏蔽网
引脚
AL
(a)　　　　(b)

图 13-18　超声波传感器外形、内部结构及电路符号图
(a)外形及内部结构　(b)电路符号

图 13-18a 为超声波传感器外形及内部结构示意图；图 13-18b 为它的电路符号,其文字符号用"AL"表示。

表 13-4 是 T/R40-XX 系列超声波传感器的电性能参数表。表 13-5 是 UCM

型超传感器的技术性能表。

表 13-4　T/R40-XX 系列超声波传感器的电性能参数表

型号	T/R40-12	T/R40-16	T/R40-18A	T/R40-24A
中心频率(kHz)	40±			
发射声压最小电平(dB)	112(40kHz)		115(40kHz)	
接收最小灵敏度(dB)	−67(40kHz)		−64(40 kHz)	
最小带宽　发射头	5kHz/100dB	6kHz/103dB	6kHz/100dB	6kHz/103dB
最小带宽　接收头	5kHz/−75dB		6kHz/−71dB	
电容	2500±25％		2400±25％	

表 13-5　UCM 型超传感器的技术性能表

型号	UCM-40-R	UCM-40-T
用途	接收	发射
中心频率(kHz)	40	
灵敏度(40 kHz)	−65dBv/μb	110dBv/μb
带宽(36～40kHz)	−73dBv/μb	96dBv/μb
电容(nF)	1700	
绝缘电阻(MΩ)	>100	
最大输出电压(V)	20	
测试要求	发射头接 40kHz 方波发生器，接收头接测试示波器，当方波发生器输出 $V_{pp}=15V$，发射头和接收头正对距离 30cm 时，示波器接收的方波电压 $U>500mV$	

问 21. 什么是湿敏传感器？有哪些作用？

湿敏传感器一般由基体、电极和感湿层构成，可用于钢铁、化学、纤维、半导体、食品、造纸、钟表、电子元件和设备、光学机械等各种工业过程中的湿度控制。

目前的湿敏元件有利用电性能随湿性物质（包括金属、半导体、绝缘体以及其他材料）的吸湿和脱湿过程发生变化的原理制成的传感器和利用水蒸气使微波产生损耗的原理制成的传感器两类。

问 22. 湿敏传感器有哪些种类？

（1）陶瓷湿度传感器

在陶瓷湿度传感器中，以三氧化二铁加入碳酸钾为主和以氧化锌、氧化钯，经烧结而成的陶瓷材料。

图 13-19 所示为湿度传感器的电阻与湿度的关系图。图中在 0℃～100℃范围内，阻值在 0～30％的相对湿度之间呈线性变化。由此可见，在低湿度区内，电阻随湿度的变化显著。为此，对这种传感器进行了实用性研究，以便进行高温、低湿度的干燥气中的检测。

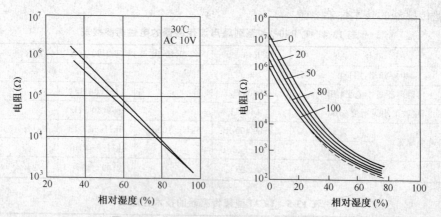

图 13-19　湿度传感器的电阻与湿度的关系

由图可知,这种传感器适用于中等湿度范围的检测。

(2)湿敏电阻传感器

湿敏电阻传感器是一种电阻值随环境相对湿度变化而改变的敏感元件。最常用的是氯化锂湿敏传感电阻器,图 13-20 所示为湿敏电阻传感器外形图。

(3)湿敏电容传感器

湿敏电容传感器是一种采用吸湿性很强的绝缘材料作为电容器的介质,使其电容量随环境相对湿度变化而改变的敏感元件。湿敏电容传感器通常采用多孔性氧化铝($A_{L2}O_3$)或者高分子吸湿膜作为吸湿性介质,制成多孔性氧化铝湿敏电容传感器和高分子薄膜湿敏电容传感器。图 13-21 为高分子薄电容传感器结构示意图。

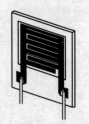

图 13-20　湿敏电阻传感器外形图

两个梳状金质电极分别通过高分子薄膜作为介质,与多孔性金质电极形成电容器 C_1 和 C_2,其等效电容器 C 由 C_1、C_2 电容器串联而成。湿敏电容传感器测试需要通交变电流,根据其容抗变化反映出环境相对湿度的变化。测试电源频率在 1.5MHz 时,高分子薄膜湿敏电容传感器在环境相对湿度由 10％增加至 90％时,其电容量增加到 1.6 倍,输出线性良好。高分子薄膜湿敏电容传感器受温度影响很小,响应时间短,稳定性好,得到广泛应用。

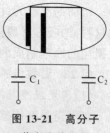

图 13-21　高分子薄电容传感器结构示意图

问 23. 什么是热电偶温度传感器?

在许多测温方法中,热电偶测温应用最广。因为它的测量范围广,一般在 $-180℃\sim2800℃$ 之间,准确度和灵敏度较高,且便于远距离测量,尤其是在高温范围内有较高的精度,所以国际实用温标规定在 630.74℃～1064.43℃ 范围内用热电偶作为复现热力学温标的基准仪器。

(1)基本原理

两种不同的导体 A 与 B 一端熔焊在一起称为热端(或测温端),另一端接一个灵敏的电压表,接电压表的这一端称冷端(或称参考端)。当热端与冷端的温度不同时,回路中将产生电势。该电势的方向和大小取于两导体的材料种类及热端及冷端的温度差(T 与 T_D 的差值),与两导体的粗细、长短无关,这种现象称为物体的热电效应。为了正确地测量热端的温度,必须确定冷端的温度。目前统一规定冷端的温度 $T_D=0$℃。但实际测试时要求冷端保持在 0℃ 的条件是不方便的,希望在室温的条件下测量,这就需要加冷端补偿。热电偶测温时产生的热电势很小,一般需要用放大器放大。图 13-22 所示为温度传感器的冷端补偿图。

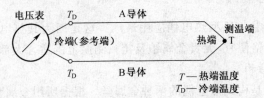

图 13-22　温度传感器的冷端补偿

热电偶产生的电动势经放大器 A_1 放大后有一定的灵敏度(mV/℃),采用 PN 结温度传感器与测量电桥检测冷端的温度,电桥的输出经放大器 A_2 放大后,有与热电偶放大后相同的灵敏度。将这两个放大后的信号电压再输入增益为 1 的差动放大器电路,则可以自动补偿冷端温度变化所引起的误差。在 0℃ 时,调 R_P,使 A_2 输出为 0V;调 R_{F2},使 A_2 输出的灵敏度与 A_1 相同即可。一般在 0℃～50℃ 范围内,其补偿精度优于 0.5℃。图 13-23 所示为热电偶工作原理图。

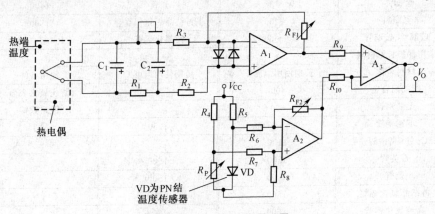

图 13-23　热电偶工作原理图

常用的热电偶有 7 种,表 13-6 为常用配接热电偶的仪表测温范围表。

表 13-6　常用配接热电偶的仪表测温范围

热电偶名称	分度号		测温范围(℃)
	新	旧	
镍铬-康铜		E	0~800
铜-康铜	CK	T	−270~400
铁-康铜		J	0~600
镍铬-镍硅	EU-2	K	0~1300
铂铑-铂	LB-3	S	0~1600
铂铑 30-铂 10	LL-2	B	0~1800
镍铬-考铜	EA-2		0~600

注:镍铬-考铜为过渡产品,现已不用。

在这些热电偶中,CK 型热电偶应用最广。这是因为其热电势较高,特性近似线性,性能稳定,价格便宜(无贵金属铂及铑)、测温范围适合大部分工业温度范围。

(2)热电偶的结构

①热电极。它是构成热电偶的两种金属丝。根据所用金属种类和作用条件的不同,热电极直径一般为 0.3~3.2mm,长度为 350mm~2m。应该指出的是,热电极也有用非金属材料制成的。

②绝缘管。它是用于防止两根热电极短路。绝缘管可以做成单孔、双孔和四孔的形式,也可以做成填充的形式(如缆式热电偶)。常用绝缘管材料见表 13-7。

表 13-7　常用绝缘管材料

绝缘管材料名称	使用温度范围(℃)	绝缘管材料名称	使用温率范围(℃)
橡皮、塑料	60~80	石英管	0~1300
丝、干漆	0~130	瓷管	1400
氟塑料	0~250	再结晶氧化铝管	1500
玻璃丝、玻璃管	500~600	纯氧化铝管	1600~1700
常用保护管的材料			
材料名称	长期使用温度℃	短期使用温度℃	使用备注
铜或铜合金	400		防止氧化表面
无缝钢管	600		镀铬或镍
不锈钢管	900~1000	1250	同上
28Cr 铁(高铬铸铁)	1100		
石英管	1300	1600	
瓷管	1400	1600	
再结晶氧化铝管	1500	1700	
高纯氧化铝管	1600	1800	
硼化锆	1800	2100	

③保护管。为使热电偶有较长的寿命,保证测量准确度,通常将热电极(连同绝缘管)装入保护管内,这样不仅可以减少各种有害气体和有害物质的直接侵蚀,还可以避免火焰和气流的直接冲击。一般根据测温范围、加热区长度、环境气氛等来选择保护。

④接线盒。接线盒供连接热电偶和补偿导线用,多采用铝金制成。为防止有害气体进入热电偶,接线盒出孔和盖应尽可能密封(一般用橡皮、石棉垫圈、垫片以及耐火泥等材料来封装)。接线盒内热电极与补偿导线用螺钉紧固在接线板上,保证接触良好。接线处有正负标记,以便检查和接线。

问 24. 怎样检测和应用热电偶温度传感器?

(1)测量　检测热电偶时,可直接用万用表电阻挡测量,如不通,则热电偶有断路性故障。

(2)热电偶使用中的注意事项

①热电偶和仪表分度号必须一致。

②热电偶和电子电位差计不允许用铜质导线连接,应选用与热电偶配套的补偿导线。安装时热电偶和补偿导线正负极必须相对应,补偿导线接入仪表中的输入端正负极也必须相对应,不可接错。

③热电偶的补偿导线安装位置尽量避开大功率的电源线,并应远离强磁场、强电场,否则易给仪表引入干扰。

④热电偶的安装。热电偶不应装在太靠近炉门和加热源处。

热电偶插入炉内深度可以按实际情况而定。一方面,其工作端应尽量靠近被测物体,以保证测量准确。另一方面,为了装卸工作方便并不致损坏热电偶,又要求工作端与被测物体有适当距离,一般不少于 100mm。热电偶的接线盒不应靠到炉壁上。

热电偶应尽可能垂直安装,以免保护管在高温下变形。若需要水平安装时,应用耐火泥和耐热合金制成的支架支撑。

热电偶保护管和炉壁之间的空隙用绝热物质(耐火泥或石棉绳)堵塞,以免冷热空气对流影响测温准确性。

用热电偶测量管道中的介质温度时,应注意热电偶工作端有足够的插入深度,如管道直径较小,可采取倾斜或在管道弯曲处安装。

在安装瓷和铝这一类保护管的热电偶时,其所选择的位置应适当,不致因加热工件的移动而损坏保护管。在插入或取出热电偶时,应避免急冷急热,以免保护管破裂。

为保护测试准确度,热电偶应定期进行校验。

(3)热电偶的故障检测

热电偶在使用中可能发生的故障及排除方法见表 13-8。

表 13-8　热电偶的故障检测及排除方法

序号	故障现象	可能的原因	修复方法
1	热电势比实际应有的小(仪表指示值偏低)	1. 热电偶内部电极漏电 2. 热电偶内部潮湿 3. 热电偶接线盒内接线柱短路 4. 补偿线短路 5. 热电偶电极变质或工作端霉变坏掉 6. 补偿导线和热电偶不一致 7. 补偿导线与热电极的极性接反 8. 热电偶安装位置不当 9. 热电偶与仪表分度不一致	1. 将热电极取出,检查漏电原因。若是因潮湿引起,应将电极烘干;若是绝缘不良引起,则应予更换 2. 将热电极取出,把热电极和保护管分别烘干,并检查保护管是否有渗漏现象,质量不合格则应予更换 3. 打开接线盒,清洁接线板,消除造成短路原因 4. 将短路处重新绝缘或更换补偿线 5. 把变质部分剪去,重新焊接工作端或更换新电极 6. 换成与热电偶配套的补偿导线 7. 重新改接 8. 选取适当的安装位置 9. 换成与仪表分度一致的热电偶
2	热电势比实际应有的大(仪表指示值偏高)	1. 热电偶与仪表分度不一致 2. 补偿导线和热电偶不一致 3. 热电偶安装位置不当	1. 更换热电偶,使其与仪表一致 2. 换成与热电偶配套的补偿导线 3. 选取正确的安装位置
3	仪表指示值不准	1. 接线盒内热电极和补偿导线接触不良 2. 热电极有断续短路和断续接地现象 3. 热电极似断非断现象 4. 热电偶安装不牢而发生摆动 5. 补偿导线有接地、断续短路或断路现象	1. 打开接线盒重新接好并紧固 2. 取出热电极,找出断续短路和接地的部位,并加以排除 3. 取出热电极,重新焊好电极,经检定合格后使用,否则应更换新的 4. 将热电偶牢固安装 5. 找出接地和断续的部位,加以修复或更换补偿导线

问 25. 什么是热敏电阻温度传感器?

热敏电阻温度传感器是电阻的一种,即在温度发生变化时,其阻值也会发生变化,是现在电器中常用的一种温度传感元件,具体参数和热敏电阻相同。

问 26. 什么是光电池传感器?

光电池的种类很多,有硒、氧化亚铜、硫化铊、硫化镉、锗、硅、砷化镓光电池等。其中,最受重视的是硅光电池,因为它性能稳定、光谱范围宽、频率特性好、传递效率高、能耐高温辐射。因此,下面仅对硅光电池作介绍。

硅光电池是在一块 N 型硅片上用扩散的办法掺入一些 P 型杂质而形成一个大面的 PN 结。当光照到 PN 结上时,便在 PN 结两端出现电动势(P 区是正电位,N 区是负电位),这称为光生伏特效应。

图 13-24 所示为光电池的光照特性曲线及外形符号图。由图可以看出：短路电流在很大范围内与光强呈线性关系；开路电压与光源是非线性的，在照度 2000 勒克司照射下就趋于饱和了。因此把光电池作为测量元件时，应把它当作电流源的形式来使用，即利用短路电流与光强成线性的特点，这是光电池的主要优点之一，而不能用作电压源来进行测量。光电池的所谓短路电流是指外接负载电阻（相对于它的内阻来讲）很小时的电流值。光电池的内阻随着照度的增强而减小，所以在不同照度下，可用大小不同的负载电阻来近似地满足"短路"条件。从实验可知，负载电阻越小，光电流与照度之间的线性关系越好，且线性范围宽。在应用光电流做测量元件时，所用负载电阻的大小应根据光强的具体情况决定。光电池的最大优点是本身即为能源，故它可以直接与指示仪表相接而无须外电源。在实际应用时，也要考虑光电池的光谱特性，同时应根据光源性质选择光电池，反之可根据光电池特性来选择光源。此外还要考虑光电池的频率特性、温度特性等。图 13-25 所示为光电池的应用电路图。

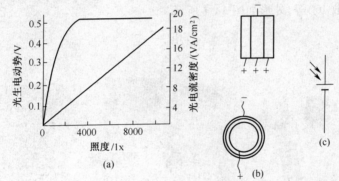

图 13-24　光电池的光照特性曲线及外形符号

(a)光电池的光照特性曲线　(b)外形　(c)符号

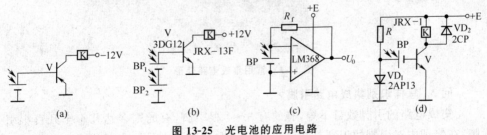

图 13-25　光电池的应用电路

(a)锗管电路　(b)硅管电路　(c)光电池运放电路　(d)预置电压光控

第14章 集成电路

问 1. 什么是集成电路?

集成电路是一种微型电子器件。采用集成电路制造工艺,把所需的众多元件及布线互连一起,制作在一小块半导体晶片或介质基片上,然后封装成一个独立的器件,成为具有所需电路的微型结构。它具有体积小、重量轻、电路稳定、集成度高等特点,在电子产品中应用十分广泛。

问 2. 集成电路怎样分类?

电器中应用的集成电路种类很多,习惯上按集成电路所起的作用划分为家用电器集成电路、工业电器集成电路、通用集成电路(如一些通用数字电路中的基本门电路及运放 IC)等,外形如图 14-1 所示。

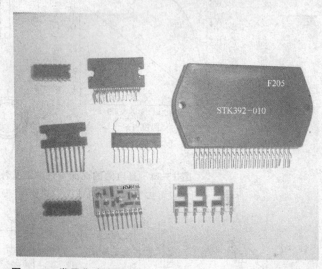

图 14-1 常用集成电路外形

问 3. 怎样识别集成电路引脚?

集成电路的引脚数目不等,有的有 3~4 根引脚,有的则多达几十至几百根引脚,在修理中对引脚的识别是相当重要的。在原理图中只标出了集成电路的引脚顺序号,比如通过阅读电原理图知道⑤脚是负反馈引脚,要在集成电路实物中找到第⑤脚,则先要了解集成电路的引脚分布规律。这里顺便指出,各种型号的引脚作用是不相同的,但引脚分布规律则是相同的。

集成电路的引脚分布规律根据集成电路封装和引脚排列的不同可以分成以下

几类。

(1)单列直插型集成电路 图14-2所示为单列直插型集成电路的引脚分布规律。单列直插型集成电路的引脚按"一"字形排列。通常情况下,单列直插型集成电路的左侧有特殊的标志,以此来明确引脚①的位置,标志有弧形凹口、小缺角、小色点、小圆孔等。引脚①往往是起始引脚,可以顺着引脚排列的位置,依次对应引脚②、③、④……具体如图14-2所示。

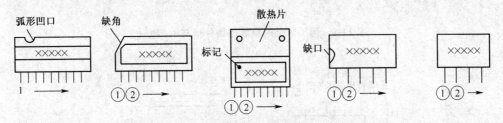

图 14-2 单列直插型集成电路的引脚分布规律

(2)双列直插型集成电路 图14-3所示是双列直插型集成电路的引脚分布规律。双列直插型集成电路的引脚以两列均匀分布。通常情况下,双列直插型集成电路的左侧有特殊的标志,以此来明确引脚①的位置。一般来讲,标记下方的引脚就是①,标记的上方往往是最后一个引脚。标记有小圆凹坑、小色点、条状标记、一个小半圆缺口等。引脚①往往是起始引脚,可以顺着引脚排列的位置按逆时针顺序依次对应引脚②、③、④……具体如图14-3所示。

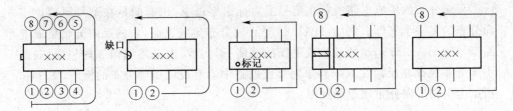

图 14-3 双列直插型集成电路的引脚分布规律

(3)圆顶封装集成电路 圆顶封装的集成电路采用金属外壳,外形像一个晶体管,图14-4所示为圆顶封装的集成电路外形与引脚分布图。图14-4a所示是外形;图14-4b所示是引脚分布规律。从图中可以看出,将凸键向上放,以凸键为起点,顺时针方向依次数。

(4)四列集成电路 图14-5所示是四列集成电路引脚分布规律示意图。从图所示可以看出,在集成块上有一个标记,表示出引脚1的位置,然后依次按逆时针方向数。

(5)反向分布集成电路 在部分(很少)集成电路中,它们的引脚分布规律与上

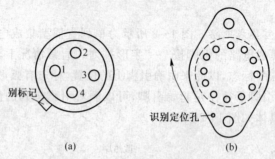

图 14-4　圆顶封装的集成电路外形与引脚分布

(a)外形　(b)引脚分布规律

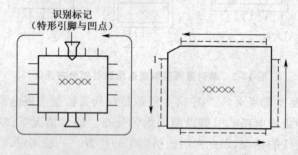

图 14-5　四列集成电路引脚分布规律示意图

述的分布规律恰好相反,采用反向分布规律,这样做的目的是为了使集成电路在线路板上反面安装方便。

　　反向分布的集成电路通常在型号最后标出字母 R,也有的是在型号尾部比正向分布的多一个字母。例如:HA1368 是正向分布集成电路,它的反向分布集成电路型号为 HA1368R,这两种集成电路的功能、引脚数、内电路结构等均一样,只是引脚分布规律相反。在双列和单列集成电路中均有反向引脚分布的例子,图 14-6所示为引脚反向分布规律示意图。

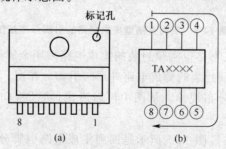

图 14-6　引脚反向分布规律示意图

(a)单列集成电路　(b)双列集成电路

　　图 14-6a 所示是单列集成电路,将型号正对着自己,自右向左依次为①、②

……各引脚。

图 14-6b 所示是双列集成电路,也是将型号正对着自己 ,左上角为引脚①,顺时针方向依次为①、②……各引脚。

问 4. 怎样检测集成电路?

集成电路在检测时,是对集成电路的对地阻值以及供电电压进行检测,根据检测结果来判断集成电路是否损坏。集成电路损坏后,一般需更换同型号集成电路。有些集成电路根据内电路资料,也可以外附加电路修复,但要求修理人员有一定无线电基础。集成电路在应用时,应注意引脚不能接错,注意其极限参数不能超限使用;焊接时注意温度不能过高,引脚不能焊连。

第15章 振荡定时及选频吸收元件

问 1. 什么是声表面波滤波器?

声表面波滤波器(SAWF)是一种集成滤波器,其特点是体积小,重量轻,制造工艺简单,而且中心频率可以做得很高,相对带宽较宽,矩形系数接近 1。缺点是工作频率不能太低,一般工作频率在几 MHz～1GHz 之间。

图 15-1 所示为声表面波滤波器的结构示意图,图中的基片是由压电材料制成。信号波接至发送换能器,通过反压电效应,将电信号变成机械振动,机械振动沿基片表面传播,当传送到接收换能器时,由接收换能器变成电信号再送到负载。很显然,叉指形换能器的开叉不同,对不同频率信号的发送和衰减的能力就会不一样。

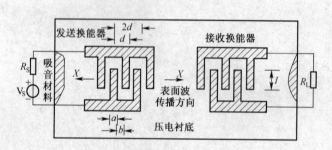

图 15-1 声表面波滤波器的结构示意图

图 15-2 所示为声表面波滤波器 SAWF 的等效电路图。

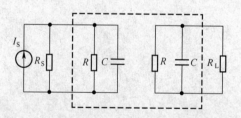

图 15-2 声表面波滤波器 SAWF 的等效电路图

图 15-2 中,R 为换能器的输入、输出电阻,也称为辐射电阻,一般为 $50\sim150\Omega$;电容 C 为换能器输入输出端的总电容(静态电容)。

表 15-1 列出了声表面波滤波器 SAWF 的一些特性参数。

表 15-1　声表面波滤波器 SAWF 的一些特性参数

参数	典型值	参数	典型值
中心频率	10MHz～1.0GHz	最大带外抑制	60～80 dB
带宽	50kHz～0.5f_a	线性相位偏移	±0.5°
矩形系数	1.2	幅度波动	0.5dB
插入损耗	6～20dB		

由表 15-1 可见,SAWF 的插入损耗较大,为了减小损耗,通常在外电路串入电感或并入电感,使输入回路和输出回路谐振在通带的中心频率上,以消除 C 的作用。

问 2. 怎样检测维修声表面波滤波器?

声表面损坏后一般不能修理,应急修理时,可以在输入与输出端并接一只 0.01μF 电容试验,如图 15-3 所示。

SAWF 的选择性可达 35～40dB,比 LC 高 10～50dB,群时延特性良好,在通带内近似为一常数。

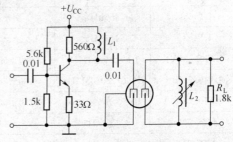

图 15-3　SAWF 的应用电路

问 3. 什么是陶瓷滤波器?

陶瓷滤波器是陶瓷振子组成的选频网络的总称。在电路中可以起到滤波器、陷波器、鉴频器的作用,取代传统的 LC 电路具有噪声电平低、信噪比高、体积小、无需调整、工作稳定、价格便宜的优点,缺点是频率不能调整。

问 4. 陶瓷滤波器怎样分类?

陶瓷滤波器利用陶瓷材料压电效应将电信号转化为机械振动,在输出端再将机械振动转化为电信号。由于机械振动对频率响应很敏锐,故其品质因数 Q 值很高,幅频和相频特性都非常理想。陶瓷滤波器有二端和三端两种,图 15-4 所示为陶瓷滤波器的电路外形及等效电路图。

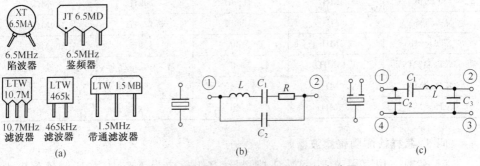

图 15-4　陶瓷滤波器的电路外形及等效电路图

(a)外形　(b)二端符号及等效电路图　(c)三端符号及等效电路图

依据幅频特性,陶瓷滤波器分为带通滤波器(简称滤波器)和带阻滤波器(即陷波器)。滤波器在电路中常用作中频调谐、选频网络、鉴频和滤波等。在电视机中用 6.5MHz 的陶瓷滤波器将 0～6MHz 的视频信号衰减,取出 6.5MHz 的伴音中频信号,常用型号有 LT6.5M、LT6.5MA、LT6.5MB、LT5.5MB 等。调幅收音机中广泛使用 465kHz 中频滤波器,如 LT465、LT465MA、LT465MB 等。调频收音机中用的 10.7MHz 中频滤波器,常用型号是 LT10.7、LT10.7MA、LT10.7MB 等。常见滤波器性能指标见表 15-2。

表 15-2　常见滤波器性能指标

型号	中心频率	带宽(－3dB)	插入损耗	通带波动
LT465	465kHz	≥±4k	≤4dB	≤1dB
LT455	455kHz	≥±7k	≤6dB	≤1dB
LT10.7MA	10.7±0.03MHz	280±50kHz	≤6dB	≤2dB
LT10.7MB	10.67±0.03MHz	280±50kHz	≤6dB	≤2dB
LT10.7MC	10.73±0.03MHz	280±50kHz	≤6dB	≤2dB
LT6.5M	6.5MHz	±80k	≤6dB	
LT5.5M	5.5MHz	±70k	≤6dB	
LT6.0M	6.0MHz	±75k	≤6dB	

陷波器的作用是阻止或滤掉有害分量对电路的影响。彩电中常用 6.5MHz 和 4.5MHz 陷波器来消除伴音、副载波对图像的干扰。常用型号有 XT6.5MA、XT5.5MB、XT6.0MB、XT4.43MA 等。常见陷波器性能指标见表 15-3。

表 15-3　常见陷波器性能指标

型号	陷波频率	陷波深度	带宽(－3dB)	绝缘电阻
2T94.5	4.5MHz	≥20dB	≥30kHz	100MΩ
2TP6.5	6.5MHz	≥30dB	≥70kHz	100MΩ
XT6.5MA	6.5MHz	≥20dB	＞17kHz	100MΩ
XT6.5MB	6.5MHz	≥30	＞60kHz	100MΩ
XT4.43M	4.43MHz	≥20	≥30kHz	
XT6.0MA	6.0MHz	≥20	≥30kHz	
XT5.5MA	5.5MHz	≥20	≥30kHz	

问 5. 怎样检测陶瓷滤波器?

(1)估测　用万用表 R×10kΩ 挡测量,其阻值应为无穷大,如所测值偏离太大,读数很小,属于短路性故障。

（2）采用达林顿管测量　具体办法是：将万用表置 R×10k 挡。用两只晶体管（如 3DG6、3DG201A）接成达林顿管后再接到万用表上。图 15-5 所示为陶瓷滤波器的测量图。

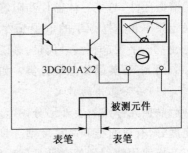

图 15-5　陶瓷滤波器的测量

测量时，将两表笔分别接到待测陶瓷滤波器的两个引脚上，如果万用表指针向右微微摆动一下后又回到无穷大，说明被测滤波器是好的；如果表指针一动也不动，说明被测元件内部断线，已损坏；如果测出滤波器两个引脚间的电阻很小，说明该元件内部短路，已损坏。操作时应注意：每次测量前，应将陶瓷滤波器的两个引脚短路，以便将其内部的电荷放掉；达林顿管放大系数高，测量时手不能触碰被测元件的两个引脚，以免影响测量结果。

问 6. 怎样维修陶瓷滤波器？

（1）剪脚法　对于三端陶瓷滤波器，可剪去输入或输出的一脚。例如①脚与③脚漏电，可剪去①脚，保留③脚不动，再在①脚与②脚之间接入一只几百欧姆的电阻，便可恢复其在电路中的作用。

（2）推捏法　陶瓷滤波器多由磕碰造成内部接触不良，致使在收音机、电视机中出现如流水一般的声音。检测时，可用手轻轻推几下滤波器，当其内部接触良好（流水声消失）之后，再用石蜡或松香加热固定。实践中这种做法常能奏效，但故障易重犯。

（3）电击法　滤波器某两脚漏电，用万用表检测其阻值在 1Ω 以下时，可利用黑白电视中的 100～400V 电压，也可利用彩电中 110V 直流供电电压，对漏电的两脚实施电击。操作动作要快，可多次重复，直到两脚间电阻值大于 10MΩ 为止。

二端陶瓷陷波器与三端陶瓷陷波器可以互换。在一般电路中效果无大影响。图 15-6 所示为二端陶瓷陷波器与三端陶瓷陷波器互换使用图。

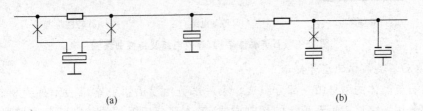

(a)　　　　　　　　　　　　　　　　　(b)

图 15-6　二端陶瓷陷波器与三端陶瓷陷波器互换使用

(a)用二端代三端　(b)用三端代两端

问 7. 什么是石英谐振器？

石英谐振器又称石英晶体，俗称晶振，是一种利用石英晶体的压电效应而制成的谐振元件,与半导体器件和阻容元件一起使用,便可构成石英晶体振荡器。用于稳定频率和选择频率的电子元件,具有高精确性、稳定性和高 Q 值。广泛用于彩电、手机、手表、电台、录像机、影碟机、摄像机等电路中。

问 8. 石英晶体怎样分类? 如何表示?

(1)石英晶体的种类

晶振元件按封装外形分,有金属壳、玻璃壳、胶木壳和塑封等几种。按频率稳定度分,有普通型和高精度型。只要频率和体积符合要求,其中很多晶振元件是可以互换使用的。各种常见晶振元件外形及符号如图 15-7 所示。

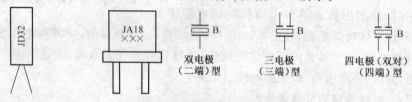

图 15-7　常见晶振元件外形及符号

(2)石英晶体结构

石英谐振器的主要原料是石英单晶,即水晶,是一种具有压电效应的晶体。石英谐振器由石英振子、支架、电极和外壳等构成。石英振子是把石英晶体按一定取向切割成片,再引出电极而制成,电极由焊线或夹簧支架引出。图 15-8 所示为石英晶体结构、等效电路及特性曲线图。

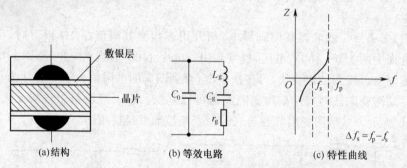

图 15-8　石英晶体结构、等效电路及特性曲线图

(3)石英晶体的型号标示

石英晶体的型号由三部分组成。第一部分由汉语拼音字母表示外壳材料,第二部分用一字母表示石英片的切割方式,第三部分用阿拉伯数字区分谐振器的主要参数、性能及外形尺寸。例如:JF6.000 则表示该石英谐振器为金属外壳,FT 切割方式,谐振频率为 6MHz。

问 9. 石英晶体有哪些特点及参数?

石英晶体的特点是具有很高的品质因数,具有串联和并联两种谐振现象,构成多样振荡电路,但其基本电路只有两类,即并联晶体振荡器和串联晶体振荡器。前者石英晶体是以并联谐振的形式出现,后者则是以串联谐振的形式出现。

石英晶片谐振器是利用它的压电效应制成的。当外加交变电压的频率与晶片的固有频率相等时,机械振动的幅度将急剧增加,这种现象称为压电谐振。石英晶体谐振器的压电谐振现象可以用图 15-8 所示的等效电路来模拟。

由石英谐振器组成的振荡器,其最大特点是频率稳定度极高,例如,10MHz 的振荡器,一周期的频率变化小于 $0.1 \sim 0.01 Hz$,甚至还小于 $0.0001 Hz$。表 15-4 为常用石英晶体的参数表。

晶振元件的主要电参数是标称频率 f_0、负载电容 C_1、激励电平(功率)和温度频差等。

表 15-4　常用石英晶体参数

型号	标称频率(kHz)	负载电容(pF)	激励电平(mW)	谐振电阻(Ω)	用途
JA22		14,16,18,20	4	≤90	专为彩色电视接收机配套使用
JA18A	4433.619	16			
JA18B		∞	1	≤70	
JA24		14,16,18,20,30			
JA18C	8867.238	20		≤60	
JA40	4194.304	30	1 或 2	≤80	与石英电子钟配套使用
JA42		10,12,18,20		≤100	
JA1(308)	32768	8,10,12,5, 15,20	1	30k	用于石英电子手表
JA2(206)				40k	

(1)**标称频率**　石英晶体成品上标有一个标称频率,当电路工作在这个标称频率时,频率稳定度最高。这个标称频率通常是在成品出厂前,在石英晶体上并接一定的负载电容的条件下测定的。

(2)**负载电容**　石英谐振器在使用中应重点注意其负载电容和激励电平。负载电容是指从谐振器插脚两端向振荡电路方向看进去的全效电容。负载电容常用的标准值为:15pF、20pF、30pF、50pF 或 100pF。负载电容与谐振器一起决定振荡器的工作频率,通过调整负载电容,一般可以将振荡器的工作频率调整到标称值。负载电容要根据具体情况选取。负载电容太大,杂散电容影响减小,但微调率下降;负载电容太小,微调率增加,但杂散电容影响增加,等效电阻增加,电路不能正常工作甚至起振困难。图 15-9 所示为负载电容配接图。

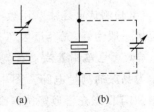

图 15-9　负载电容配接

(a)低负载电容　(b)高负载电容

晶振的负载电容有高、低两类之别。低者一般仅为十几皮法(pF)至几百皮法，高者则为无穷大，两者相差悬殊，不能混用，否则会使振荡频率偏离电路不能正常工作，两类不同负载电容的使用方式也不同。低负载电容都串联几十皮法容量的电容器；高负载电容不但不能串联电容器，还须并联数皮法小容量电容器(外电路的分布电容有时也能取代这个并联小电容)。

每个晶振的外壳上除了清晰地标明标称频率外，还以型号及等级符号区分其他性能参数的差异。如同为标称频率 4.43MHz 的国产晶振 JA18A(应用于松下M11 机芯彩色副载波电路)，为低负载电容，仅 16pF，电路中串有电容；而 JA18B(应用于三洋 83P 机芯彩色副载波电路)则是高负载电容，无穷大，电路中不能串有电容。

(3)激励电平　激励电平是谐振器工作时消耗的有效功率，常用的标准值有0.1mW、0.5mW、1mW、2、4mW。激励电平在实际使用时也要合理确定。激励电平较小时，频率不稳，甚至不易起振；激励电平强时，容易起振，但频率变化加大，过强时使石英片破碎。

问 10. 怎样检测石英晶体？

检测石英晶体通常采用以下方法，但最好用代换法判断石英晶体的好坏。

(1)电阻法　用万用表 R×10kΩ 挡测量石英晶体两引脚之间的电阻值，应为无穷大。若实测电阻值不为无穷大甚至出现电阻为零的情况，则说明晶体内部存在漏电或短路性故障。

(2)在路测压法

找到晶体所在位置和电源负端，将万用表置于直流电压挡，黑表笔固定接在电源的负端。用红表笔分别测出晶体两引脚的电压值，取用一只大容量电容(0.1μF)瞬间多次短接晶体；再用红表笔分别测出晶体两引脚的电压值，正常情况下，表针应随电容的接入断开摆动，如不动则说明晶体工作不正常。

(3)电笔测试法　用一只电笔，将其笔头插入火线孔内，用手捏住晶体的任一只引脚，将另一只引脚触碰试电笔顶端的金属部分，若试电笔氖管发光，一般说明晶体是好的，否则说明晶体已开路损坏。

(4)测试电容法　用数字万用表测试，利用其电容挡测试晶体的静电容。有容量一般为好，无容量为坏。

(5)电路测量法　石英谐振器可以采用在路测试法对其进行测试，图 15-10 所示为晶振的测量电路。图中的 XS1、XS2 是两个测试插口，可用集成电路插座改制。LED 发光管最好选择高亮度的。

测试石英晶体时，把晶体的两个管脚插入到 XS1 和 XS2 两个插口中，按下开关 SB，如果晶体是好的，则由晶体管 VT_1、电容 C_1、C_2 等元件构成的振荡电路产生振荡,振荡信号经 C_3 耦合至 VD2 检波,检波后的直流信号电压使 VT_2 导通,于是接在 VT_2 集电极回路中的 LED 发光,指示被测晶体是好的。如果 LED 不亮,则说明被测石英晶体是坏的此测试器可测试频率较宽的石英谐振器,但最佳测试频率是几百千赫兹～几十兆赫兹。

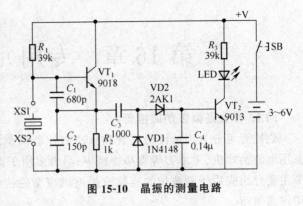

图 15-10 晶振的测量电路

问 11. 石英晶体有哪些故障?怎样应急修理?

石英晶体出现内部开路故障,一般是不能修理的,只能更换新的同型号晶体。如晶体出现击穿或漏电,阻值不是无穷大(如有的彩电用的是 500kHz 晶体遇到此故障较多)、一时又无原型号晶体更换时,可采用下面应急修理法。

用小刀沿原晶体的边缝将有字母的侧盖剥开,将电极支架及晶振片从另一盖中取出;用镊子夹住晶片从两极间抽;把晶振倒置或转向 90°后,再放入两电极间,使晶片漏电的微孔离开电极触点;测量两电极的电阻应为∞,然后重新组装好,盖好盖,将边缝用 502 胶外涂即可。石英晶体的代换,表 15-5 列出部分石英晶体的代换型号。

表 15-5 部分石英晶体的代换型号

型号	国内可直接代换的型号
A74994	JA18A
EX0005X0	XZT500
4.43MHz PAL-APL	JA24A、JA18、JA18A
EX0004AC	JA188、JA24、ZFWF、2S-B
KSS-4.3MHz	JA24A、JA18A、JA18
RCRS-B002FZZ	JA18
TSS116M1	JA24A、JA18A

第16章 专用元件类

问 1. 什么是微波炉磁控管?

磁控管可分为连续波磁控管和脉冲磁控管两类。前者主要用于家用微波炉、医用微波治疗机、手术刀等微小器械中;后者多用于雷达发射机等军用设备中。本节主要介绍应用于微波炉的连续波强迫风冷型磁控管的功能特点、工作原理及使用注意事项。

连续波磁控管功能是在控制装置的控制下,把市电转换成微波来加热食品或用于对患者治疗、手术及消毒。连续波磁控管具有效率高、体积小、重量轻、抗过载能力强、微波泄漏小、体积小及对外干扰小等特点,其使用寿命均在 1000 小时以上,工作时无需予热(冷启动)。

问 2. 微波炉磁控管是怎样工作的?

连续波磁控管基本结构如图 16-1 所示,实体外形结构如图 16-2 所示。主要由阴极(灯丝)、阳极、环形磁钢、耦合环、微波能量输出器(即天线)、散热器和灯丝插头等组成。

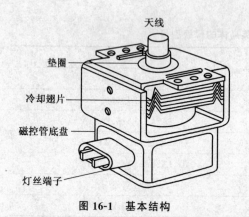

天线
垫圈
冷却翅片
磁控管底盘
灯丝端子

图 16-1　基本结构

图 16-2　实体外形结构

由图可见,磁控管阳极呈圆筒状,通常用铜材制成,筒中多个簧片将阳极分割成十几个扇形空间,每个扇形空间就是一个阳极谐振腔,其谐振频率即磁控管的工作频率,一般为 2450MHz 左右。在阳极的外壳嵌套了一对环形永久磁钢,磁钢形成的磁场用于控制阳极腔内的微波振荡能量。阳极输出的微波能量通过一根环状金属管(即耦合环)传送到天线,再由天线送微波。

连续波磁控管的电源由高压变压器、高压整流二极管、高压电容组成的电路供给。磁控管的灯丝工作电压一般为交流3.3V,电流10A左右;阳极(对阴极)电压为直流4000V左右。磁控管通电工作时,灯丝被加热,同时在阴极(灯丝)与阳极间阳极形成高压电场。在电场作用下,阴极向阳极发射电子,阳极接收到电子产生阳极电流。电子在到达每个扇形阳极谐振腔时,按其谐振频率振荡;同时因环行磁钢产生的恒定磁场垂直于高压电场方向,在该磁场作用下,电子沿着阴极、阳极间的圆周空间作摆轮曲线运动,形成一个积聚能量的旋转电子云,当"电子云"的旋转速度与高频电磁场同步时,电子所具有的能量传给了高频电磁场,维持高频振荡并经高频输出器输出微波。微波能量的大小主要取决于阳极电压的高低和磁场的强弱,由于环形磁钢的磁场强度恒定,故而微波输出功率主要与阳极电压相关。但若磁钢因故破裂或磁性明显衰退,就会引起磁控管输出功率减小,对于微波炉则出现加热效果变差、加热慢、火力不足等故障。

因电源电压波动而导致微波炉工作不稳定,所以磁控管阳极电压通常都由漏感变压器组成的电源电路来提供,它可稳定磁控管的阳极电流,使微波输出功率保持稳定。

因磁控管的功率大、温升较高,一般需设置冷却风扇,对磁控管进行强迫风冷散热,以防止过热损坏。

问3. 怎样检测与代换磁控管?

(1)磁控管检测　拆下磁控管灯丝接线柱上的高压引线,用万用表,R×1kΩ挡测量灯丝冷态电阻,正常小于1Ω(通常为几十兆欧);用R×10kΩ挡测灯丝与管壳间电阻,正常为无穷大。灯丝电阻大是造成磁控管输出功率偏低的常见原因之一。如果测出灯丝电阻较大,不要轻易判断磁控管已坏或已衰老。实践表明,这种情况大多是磁控管灯丝引脚或插座氧化积累形成的接触电阻;也有是测量失误所致,通常是万用表表笔与测量点,或表笔与插座间的接触电阻所致,而磁控管本身的问题较少见,一般只有使用寿命期已过、长期过载工作或少数存在质量缺陷的磁控管才可能发生这种故障。所以检测时,应将磁控管管脚砂光或刮光,去除污垢和氧化物后再测量,如果测量电阻还是大,则可以判断磁控管不良。

灯丝开路大多是磁控管本身损坏,需更换新件。少数磁控管灯丝开路是由于引线脱焊,可将灯丝底座撬开,用钢丝钳子将引线和连接片夹紧,再用烙铁焊牢即可。

另外使用各类微波设备时要选择合适的位置将其安放在牢固结实的工作台上,防止摔跌。微波设备安放地点应远离电视机和燃气炉。

(2)连续波磁控管的代换

部分连续波磁控管的主要技术参数及代换型号见表16-1。

注意:国产磁控管在早期的国产微波炉中应用较多,近期则多用进口和合资产磁控管;其型号可能变动较大,有些早期磁控管已经或将要停产,所以购买时一定要问清能否代换。

表 16-1　　部分连续波磁控管的主要技术参数及代换型号

型号	灯丝电压(V)	阳极电压(V)	输出功率(W)	代换型号
CK-623	3.3	4.1	900	A570FOH、AM903、2M107A325、2M137MI、2M204MI、2M210MI、2M214、OM75S31
CK-623A	3.3	4.0	850	AM701、A6700H、2M167、2M204M3、2M214、2M1172JAJ、OM75S11
146BI	3.3	4.0	850	AM708、A6701、2M172AH、2M189AM4、2M214、OM75S20
146BII	3.3	4.0	850	AM702、A6700、2M167A、2M172AJ、2M214、OM75S10
114	3.5	3.8	550	AM689、AM700、2M209A、2M211B、2M213JB、2M216JA、2M217J、2M236、OM52S10、OM52S11
114A	3.5	3.8	550	AM697、AM699、2M213HB、2M216HA、2M2234、OM52S21
CK-626	3.15	4.0	800	
CK-605	3.15	4.0	800	
CK-620	3.15	4.0	800	
2M167A	3.3	4.1	800	
2M189A	3.3	3.6	770	
2M186A	3.3	3.3	690	

问 4. 什么是微波炉高压电源变压器?

高压变压器是一种专用漏磁(感)变压器,其整体结构如图 16-3 所示,内部接线如图 16-4 所示。由图可见,高压变压器一般有 3 个绕组:一次绕组,交流 220V 市电电压施加在此绕组中、次级磁控管灯丝绕组、输出交流 3.3V 的灯丝电压、二次高压绕组输出交流 2100V 左右的高压,有的还有第 4 个绕组即功率调整绕组。在一次、二次绕组之间插有一定厚度的多片硅钢片,使变压器中形成一个具有

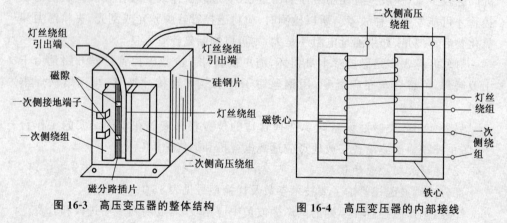

图 16-3　高压变压器的整体结构　　　图 16-4　高压变压器的内部接线

高磁阻间隙的磁分路。当高压变压器工作时,磁分路中将产生一定量的漏磁通,它控制着变压器的输出电流,使磁控管工作电流保持相对稳定。

磁控管工作时,变压器的二次侧高压绕组中有振荡电流流通,使其附近的铁心产生磁饱和现象。假设因市电波动等原因而引起磁控管阳极电压上升、阳极电流增大,那么变压器二次侧绕组的电流也增加,使磁饱和度加深,漏磁通增大,这就使得变压器二次侧高压下降,也即磁控管阳极电压降低,阳极电流下降,反之则相反,从而起到自动调节阳极电压、电流及稳定微波输出功率的作用。

高压变压器主要是靠漏磁通使磁控管工作电流保持稳定的,因此也被称作漏磁(感)变压器。这种变压器可在市电波动范围较宽的情况下保持磁控管阳极电流的稳定,因而在微波炉中获得了广泛应用。除特种产品外,几乎所有的微波炉均采用这类变压器。

问 5. 怎样检测代换微波炉高压电源变压器?

用 R×1 挡测量变压器冷态电阻。一次侧绕组通常为几欧姆;如过小,则有可能匝间短路,若为∞,则为断路。二次侧高压绕组为几十至几百欧姆,若为∞,则已断路;若小许多,则匝间局部短路;灯丝绕组接近 0Ω。用兆欧表(500V 绝缘电阻计)或用万用表 R×10kΩ 挡测量,一次侧和二次侧对变压器外壳的电阻大于百兆欧。若其中任一个阻值过小,说明变压器漏电,绝缘不良,切勿使用。测量时要注意清除变压器外壳上被测部位的绝缘漆膜,保证表笔与外壳的接触良好。同时不要将双手接触到表笔及与其相接触测量点的导电部位,否则表针指示的就可能是阻值较小的人体电阻。万用表测高压电容、高压二极管等元器件时也同样要注意这点。

检测变压器时,应将有关引线断开再测(例如高压绕组一端就与铁心、底盘等一起接地),否则易误判。此外,测前还应将与绕组相连的高压电容放电,以免人受电击。

高压变压器主要的常见故障如下。

①绕组或引线断路、接触不良。这会使微波炉不加热或工作不稳定。可先检查引线和接插件的情况,如果断线,只要重新焊接或连接牢靠即可;如果接触不良,应清除污垢,并加强两者的接触牢度。

②高压绕组内部局部短路,绕组和外壳间漏电或短路。这会造成微波炉不工作、烧熔丝或工作不稳定等。先作烘烤处理或重新绕制,如果烘烤后仍不能解决或无法重绕,则需更换。

问 6. 什么是电磁铁?

电磁铁是一种将电磁能转换成机械能的部件,分为直流电磁铁和交流电磁铁。

(1)交流电磁铁的结构原理

交流电磁铁可以看作是一种电阻和电感串联的感性负载,其结构如图 16-5 所示,由线圈、磁轭(静铁心)及衔铁(动铁心)等组成。为了减少铁损,磁轭和衔铁都是由硅钢片叠压而成。线圈用漆包线绕制在骨架上,外裹以绝缘保护层,并经浸漆烘干处理后固定在磁轭上制成。

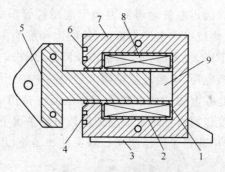

图 16-5　交流电磁铁结构

1. 线圈骨架　2. 绝缘层　3. 固定支架　4. 外极面　5. 衔铁
6. 短路环　7. 磁轭　8. 线圈　9. 内极面

图 16-6 所示为电磁铁工作原理图,线圈中通过交流电后,在线圈周围产生交变磁场,交变磁场使磁轭及衔铁同时磁化,在衔铁和磁轭的极面上出现不同极性的磁极,根据同性相斥、异性相吸的原理,将衔铁吸向磁轭,直到互相吻合。虽然线圈电流方向不断在变,但由于衔铁和磁轭的极性同时变化,所以吸力的方向始终不变。

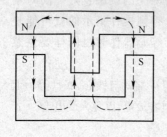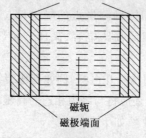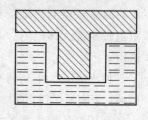

磁轭

磁极端面

图 16-6　电磁铁工作原理

因为交流电不断呈正弦变化,当电流经过零值时,电磁铁的吸力为零,这时衔铁将被释放;电流过了零值,吸力恢复又将衔铁吸入。这样伴着交流电的不断变化,衔铁将不断地被吸入和释放,势必产生剧烈的振动。为了防止这一现象的发生,在磁轭极面上嵌装一个铜环,简称短路环。短路环的作用是:当交变的磁通穿过短路环时,在其中产生感应电流,从而阻止交流电过零时原磁场的消失,使衔铁和磁轭之间维持一定的吸力,从而消除了工作中的振动。由于剩磁的存在使衔铁被吸住不放,采用留去磁间隙的方法消除了电源切断后衔铁被吸住不放的现象。

(2)直流电磁铁的结构原理

直流电磁铁由线圈、磁轭和衔铁等组成,图 16-7 所示为直流电磁铁的整体结

构图,由于通过的是直流电,在磁轭和衔铁中无涡流等产生,所以磁轭和衔铁由导
磁性好的软钢制成。直流电磁铁接通电源后,在线圈中产生电流(激磁电流)的大
小与铁心状况无关,等于电源电压除以线圈的电阻。磁场的强弱受到电流大小和
线圈匝数多少的影响,电流越大,磁场越强;线圈匝数越多,磁场也越强。直流电磁
铁的吸合力稳定,吸合后没有噪声,振动小,因而故障率小。

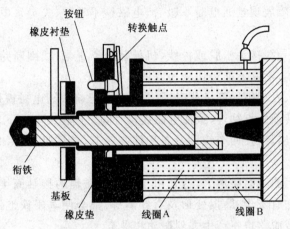

图 16-7　直流电磁铁的整体结构图

　　图 16-8 所示为直流电磁铁供电电路图。线圈通直流电后将产生磁场,磁轭和
衔铁同时被磁化,在衔铁和磁轭的极面上的磁极极性不同,因而互相吸引,磁轭和
衔铁吸入。电磁铁线圈由吸合线圈 A 和保持线圈 B 两者串联,与线圈 B 并联着一
路由按钮控制的一对触点(转换触点),当按钮受压、进入磁轭时,压动动触片使两
触点断开。在电磁铁不通电和刚通电时,两触点处于接通状态,匝数很多并且电阻
很大的保持线圈 B 被短接掉,只有吸合线圈 A 工作,所以刚通电时的电流很大,约
1.6A,可以产生足够大的吸引力(约 40N)以把衔铁吸入。当衔铁全部吸入时,衔
铁上的极板将按钮压入进磁轭板内,使转换触点分离,于是保持线圈 B 被接入,两
线圈串联在一起工作,串联后的电阻约 3100Ω,使电磁铁线圈的电流降到 0.06A 左
右,但是由于线圈的匝数足够多,因此可使吸引力保持在 80N 左右。

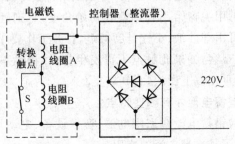

图 16-8　直流电磁铁供电电路

电磁铁内电阻为保险电阻(热敏电阻)。当电流过大,线圈温度过高时,电阻剧烈增大,使电路电流变小,呈断路状态。当电流变小、线圈温度变低时,又恢复低阻值,电路又呈接通状态。该电阻在常温下的电阻约 0.6Ω。有的电磁铁内不串有这个电阻。

问 7. 怎样检测电磁铁?

电磁铁的故障表现是通电时不吸合,电磁铁不动作(失灵),电磁铁烧毁,工作无力等。

常见原因有导线接头松脱或掉线,机械装配不正常,线圈断路、短路或电磁铁已烧毁,吸力减弱,衔铁不能很快吸入或根本吸不进。

当按动衔铁、发现衔铁已卡死时,则是电磁铁已烧毁。电磁铁烧毁的原因有衔铁移动受阻;或转换触点粘连,致使电磁铁长时间工作在大电流下,线圈或短路,或按钮压入后不弹出,致使两个线圈总是串联在一起,衔铁吸不进,时间长了也会使线圈烧毁。

线圈完好,但通电时噪声大,这是由于衔铁和磁轭的接触面接触不良引起的。接触表面锈蚀、沾有灰尘、磨损变形及有铁屑等,都会使电磁铁工作时产生很大噪声,短路环断裂或脱落也将产生强烈振动和噪声。

电磁铁工作无力的常见原因有电源电压太低,转换触点接触不良等。对于线圈是否正常,可以在按钮不压入和压入的情况下,测定两接线端子间的电阻值来进行判断。

当线圈不正常或电磁铁已烧毁时,需更换整个电磁铁。

问 8. 怎样检测发条式定时器?

定时器发生故障一般出现在簧片及触点上。由于定时器触点频繁接触,触点瞬间电流很大,触点往往会发生氧化,锈蚀等现象,这样就会造成定时器接触不良。定时器的动作变换是靠簧片的动作来完成的,如果簧片的弹性较差,使用时间长了就会出现簧片不到位的故障。

在修理定时器的过程中一定要小心谨慎,先用细改锥将定时器外壳小心取下,避免弄乱齿轮体系;然后拧动定时器主轴,仔细观察各簧片及触点接触情况。如果是簧片不到位故障,可用尖嘴钳小心调整其初始角度,直到触点能接触好为止;如果是触点腐蚀故障,可用细砂纸、小锉打磨触点,打磨工作要小心细致,避免磨出尖角、毛刺,磨好后通电观察,如果此触点不再发生打火、接触不良现象,则说明已修好;如果不行,仍需要重复以上做法,直到修复。

问 9. 什么是小型蓄电池? 有哪些特点?

近年来,小型密封铅蓄电池在家用电器、音像设备、电动玩具、电子仪器、备用电源等许多方面得到了越来越广泛的应用。

　　小型密封铅蓄电池外形一般为长方体,是由正、负极板群,由非游离状态的电解液——硫酸、隔板、电池槽、槽盖等部分组成。图 16-9 所示为小型密封铅蓄电池的结构图。

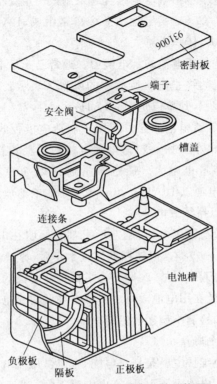

图 16-9　小型密封铅蓄电池的结构图

　　小型密封铅蓄电池的性能特点如下。

　　①免维护。由于这种蓄电池充电时所产生的气体不会排出电池外,而是被极板吸收后再还原于电解液中。所以电解液不会减少,使用过程不必做液面检查和补水。

　　②不漏液。由于使用高性能的隔板和安全阀,蓄电池即使倒置也不会漏液。

　　③全密封。由于在正常使用过程中没有气体排出,也没有酸雾溢漏,所以能达到完全密封的效果,可避免造成设备腐蚀。

　　④高能量。由于这种蓄电池内阻很小,装配紧凑,所以具有很高的能量密度。尤其是大电流应急放电性能极佳。其所能带动的功率比相同容量的普通蓄电池高约 60%。

　　⑤长寿命。由于使用耐腐蚀合金制造板栅,使蓄电池的寿命提高。浮充电备用可达 3～5 年,循环使用可达 300 次以上。

　　⑥耐储存。由于采用铅钙合金代替传统的铅锑合金制造板栅,所以自放电很小,适合于长期放置。一般在室温下存放 6 个月以内不必补充电。

问 10. 小型蓄电池有哪些参数？

蓄电池基本参数为额定容量与额定电压。

由于蓄电池是以基本单格蓄电池组合起来制成一定规格的产品。每一单格蓄电池的额定电压为 2V,如 6V 蓄电池由 3 个单格组成,12V 蓄电池由 6 个单格组成,故蓄电池的容量越大,体积也越大。

铅蓄电池的容量就是蓄电池的蓄电能力。通常已充足电的蓄电池以一定大小的电流持续放电至规定的终止电压所放出的电量来表示。在数值上,容量等于放电电流和放电时间的乘积,其单位是安时(AH)。

就制造技术而言,铅蓄电池的容量与用于制造电极板的金属铅的消耗量成正比。目前水平,每个单格小型密封铅蓄电池电极板的耗铅量为 40～50g/AH。可见铅蓄电池越重,其容量也越大。额定容量通常以 20h 容量表示。例如:6V、10AH 单格,是表示此电池以 10AH÷20h＝0.5A 的电池放电,至每单格平均终止电压为 1.75V 时。可以持续放电 20h。

蓄电池的额定容量与额定电压,制造厂家都会标明在电池槽上。新蓄电池每单格的开路电压为 2.15V 左右,但储存期超过半年后,容量会下降。蓄电池经 3～5 年使用后,容量也会下降 10％～20％。为了保持蓄电池的容量,新电池存储时间过长、初次使用之前以及在用电池放电之后都必须及时充电,补充电量。

问 11. 怎样维护和检测小型密封铅蓄电池？

(1)小型密封铅蓄电池维护

小型密封铅蓄电池维护主要是补充电能,宜以恒压充电。充电的初期,电流较大,随充电时间增加,蓄电池电压上升,充电电流下降。补充电的方式有以下两种。

①作为 UPS 等设备的备用电源的浮充电或涓流充电。这种充电方式的特点是蓄电池应急放电后,当外电路恢复供电时,立即自动转入充电,并以小电流持续充电直至下一次放电。充电电压取 2.25～2.30 伏/单格,或由制造厂规定,充电初期电流一般在 0.3 倍的额定容量以下。

②作为充放电循环使用的补充电。这是指用于手提照明灯、音像设备等便携型电器上的密封铅蓄电池,应在最多放出额定容量的 60％ 时停止放电,并立即进行补充电。充电电压取 2.40～2.50V,或由制造厂规定。充电初期电流一般在 0.3 倍的额定容量以下。为了防止过充电,应尽可能安装定时或自动转入涓流充电方式。当充电电流稳定 3h 不变时,可认为蓄电池已充足电。所需补充电的电量为放出电量的 1.2～1.3 倍。

(2)小型密封铅蓄电池的检测

常见故障是内部电极开路或击穿及极桩端子损坏。

①内部电极开路或击穿,开路时无充电电流或很小。击穿时充电电流大,会烧

断充电器的保险,需要更换新电池。

②极桩端子损坏。因长时间工作有漏液现象时会损坏极桩端子,检测时可用大功率烙铁加锡焊接。

问 12. 什么是电磁阀?

电磁阀的结构主要由线圈、铁心、小弹簧、阀座、橡胶阀等组成,图 16-10 所示为普通单向电磁阀外形图。

当线圈通电时,电磁力克服小弹簧的弹力,将铁心吸上,电磁阀即开启。

当线圈断电时,铁心在小弹簧作用下弹出,重新封住出入口,于是电磁阀关闭。

线圈通电吸引铁心,磁力大于铁心上下端所受的压力差。

图 16-10 普通单向电磁阀外形图

问 13. 什么是四通电磁换向阀?

四通电磁换向阀多用于冷热两用空调器,在人为的操作和指令下,改变制冷剂的流动方向,从而达到冷热转换的目的。图 16-11 所示为四通电磁换向阀的实物及接口图。

(1)四通阀的作用 若冷凝器在室外、蒸发器在室内,空调就处于制冷状态。若冷凝器在室内、蒸发器在室外,空调就处于制热状态。室内和室外的机组及管道都是安装好的,不能因为制冷或制热状态变换而交换位置。根据制冷循环框图可知,让制冷剂反向循环,就可以实现蒸发器和冷凝器的功能转换。但压缩机不能使制冷剂倒着循环,于是我们就利用四通阀来进行制冷剂的换向,控制空调的制冷和制热状态的转换。

(2)工作原理

图 16-12 所示为四通电磁换向阀的工作原理图。其中,图 16-12a 所示为制冷循环过程,图 16-12b 所示为制热循环过程。从图中可以看出,四通电磁换向阀由电磁阀和换向阀两部分组成。

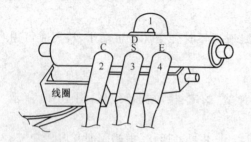

图 16-11　四通电磁换向阀的实物及接口图

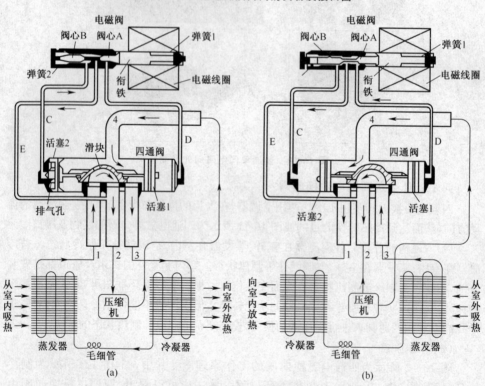

图 16-12　四通电磁换向阀的结构及工作原理图

(a)制冷循环过程　(b)制热循环过程

①制冷时。

在图 16-12a 中,当冷热泵开关拨向制冷位置时,即电磁导向阀的电磁线圈的电源被切断,电磁导向阀保持在左移后的位置,则右阀门被关闭,左阀门被打开,与中间孔相通,其工况状态如下。

C、D 与四通换向阀二端盖连接,属于高压区,其压力为冷凝压力 PK。毛细管 E 与四通换向阀 2 号管连接,2 号管与压缩机吸气管连接,属于低压区,其压力为蒸气压力 P_0。四通换向阀的 1 号管与蒸发器连接,3 号管与冷凝器连接,4 号管接在压缩机的排气管上。

由于毛细管 D 被阀芯关闭,活塞 1 的小孔向其外侧充气压力升高,而毛细管 C、E 相通,活塞 2 外侧的高压气体(原由小孔排入)经毛细管 C 与 E 向 2 号管排泄。因为活塞的上孔孔径远远小于毛细管内径,来不及补充气体,使这一区域为低压区,右侧活塞 1 的外侧压力高于左侧活塞 2 的外侧压力,其压力相当大。右外侧压力推动活塞 1 与滑块等向左移动到左活塞 2 的底端盖为止,阀芯将端盖阀孔闭塞,这时,滑块盖住 1 号管和 2 号管的阀孔,使 1 号、2 号管相通,3 号管与 4 号排气管连通。此时压缩机排出的高压气体制冷剂通过四通阀 4、3 号管到室外侧的热交换器(即冷凝器)放出热量,每经毛细管降压节流,进入室内侧热交换器(蒸发器),内低压低温蒸发,吸收室内热量(制冷)变为低压低温气态制冷剂,经过气管回流到室外,再经四通阀 1、2 管回压缩机,被压缩机吸入,完成制冷循环。

②制热时。

在图 16-12b 中,当冷热泵开关拨向制热位置时,即电磁导向阀的电磁线圈接通电源而产生磁场,衔铁瞬间被吸向右边,两个联动的阀芯(A、B)也同时向右移动,阀芯 B 关闭阀孔,阀芯 A 打开右阀孔,毛细管 C、D 相通,四通换向阀右侧活塞 1 外侧的高压气体被释放为低压气体(排入吸气管),而毛细管 C 通道被切断,活塞 2 向活塞外侧充高压气体,其压力升高。当两侧活塞(1、2)外侧的压力差达到某一值时,气体推动活塞 1 和活塞 2(联动)向右移动至活塞 1 到达顶端,其阀芯关闭换向动作结束。此时,四通换向阀的滑块右移后盖住 2 号、3 号的阀孔,使 2 号、3 号管相通,成为低压通道。1 号管的阀孔相通成为高压通道。这时,原为蒸发器的现在转变为冷凝器,原为冷凝器的现在转变为蒸发器。

压缩机排出的高压高温制冷剂经四通阀 4、1 管道液管到室内冷凝器冷凝,放出热量(制热),变为高压常温液态制冷剂,经液管回流到室外,再经毛细管降压节流,进入室外蒸发器内低压低温蒸发,变为低温低压气态制冷剂,再经四通阀 2、3 管回压缩机,完成制热循环。

问 14. 怎样检测及更换电磁阀?

(1)检测电磁阀

检测电磁阀时,应首先用万用表检测电磁线圈的好坏,用万用表的欧姆挡测量线圈的阻值,如果表针不摆动,说明线圈开路;如果阻值很小或为零,则说明线圈短路。当确认线圈正常时,可以给线圈接入额定电压,检查阀体故障。如果能够听到嗒嗒声,并检测通断情况良好,说明电磁阀是好的。

(2)更换四通电磁阀

在更换四通电磁阀时,应先放出制冷系统中的制冷剂,然后卸下固定四通电磁阀的固定螺钉,取出电磁线圈。再将四通电磁阀连同配管一起取下,注意将配管的方向、角度做好记号。

把要安装的新四通电磁阀核对型号与规格,先将原四通电磁阀上的配管取下一根随即焊在新四通电磁阀上,注意保持配管原来的方向和角度,而且应保持四通电磁阀的水平状态。配管焊完后,将四通电磁阀与配管一起焊回原来位置即可。四通电磁阀及配管焊接好后,最后装入电磁线圈及连接线。

由于四通电磁阀内部装有塑料封件,在焊接时要防止四通电磁阀过热,烧坏封件。为防止过热,可先将四通电磁阀阀体放入水中,将管加长焊接后再上机焊接。为此,在焊接时一定要用湿毛巾将四通电磁阀包裹好,最好能边浇水边焊接。焊接时最好往系统中充注氮气,目的是进行无氧焊接,以防止管内产生氧化膜进入四通电磁阀,而影响四通电磁阀内滑动阀块的运动。

需要注意的是:更换四通电磁阀时,不管是水阀还是气阀,首先要注意额定电压和形状,安装时还要注意密封良好,不应有漏水或漏气现象。其连接线应用扎线固定,不应松动。

问 15. 小型直流电动机由哪些部件构成?

在收录机中,电动机的作用是带动机械传动机构转动,从而使磁带按要求的速度运行。盒式收录机中使用的电动机全部为直流(DC)电动机。直流电动机主要包括定子、转子和电刷三部分。定子是固定不动的部分,由永久磁铁制成;转子是在软磁材料硅钢片上绕上线圈构成;电刷则是把两个小碳棒用金属片卡住,固定在定子的底座上,与转子轴上的两个电极接触而构成的。电子稳速式电动机还包括电子稳速板。

问 16. 直流电动机是怎样稳速的?

(1)机械稳速

图 16-13 所示为机械稳速原理图。机械稳速是通过在电动机转子上安装的离心触点开关实现的,离心开关与电阻并联。当电动机转子旋转过快时,调速器触点受离心

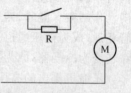

图 16-13　机械稳速原理图

力作用而离开,电源通过电阻 R 后加到电动机上使电动机两端电压下降,转速减慢。当电动机转速过慢时,离心力变小,调速器触点闭合,电源不通过电阻而是直接加到电动机上,电动机转速加快。

(2)电子稳速

图 16-14 所示为电子稳速原理图。用晶体管电子电路稳定电动机转速的装置

叫电子稳速装置,电机线圈、电阻 R_1、R_2 和 R_3 构成桥式电路。当电路保持平衡状态时,a 点电位比 b 点高约 0.4V,此时电位器 RP_1(RP_2)有一定电流通过。当电动机转速增加时,反电动势增加,相当于电动机线圈内阻增加,致使 a 点的电位更高于 b 点的电位。a 点电位升高,V_2 的发射极电位也随着升高,相对的基极电位降低,于是其集电极电流减小;由于 V_2 的集电极电流

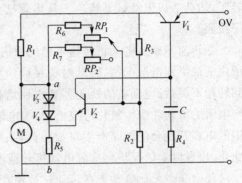

图 16-14　电子稳速原理图

即是 V_1 的基极电流,所以,V_1 的集电极电流也减小,因此流过电动机线圈的电流减小,电动机转速变低。相反,若电动机转速过低时,通过晶体管的作用使电动机线圈电流有所增加,从而使电动机转速提高。

电子稳速方式比机械稳速方式稳定性高、噪声小,所以被现代高级盒式收录机和多种电路所普遍采用。

(3)伺服电动机稳速

图 16-15 所示为伺服电动机稳速原理图。在电动机内装有伺服发电机,当电动机旋转时,同时带动该发电机转动。该发电机产生的电压与转速成正比。为了利用发电机产生的电压控制电动机的转速,通常在发电机 G 和电动机 M 之间接上电压伺服电路。当电动机转速变快时,发电机产生的电压升高,使晶体管 V_1 的基极电压增大,集电极电压,即晶体管 V_2 的基极电压变低,V_2 的基极电流 Ib_2 变小,从而 V_2 的集电极电流 Ic_2 变小。电流 Ic_2 即是电动机的电流,Ic_2 变小,会使电动机转速变慢。与上述过程相反,当电动机转速变慢时,通过发电机和电路的调整作用会使电动机转速变快。

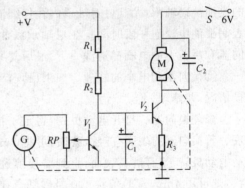

图 16-15　伺服电动机稳速原理

问 17. 直流电动机出现故障后怎样检测维修?

(1)故障原因

①电动机不转。电动机内转子线圈断路,电动机引线断路,稳速器开路以及电刷严重磨损而接触不上,都会致使电动机不转,此外,若电动机受到强烈振动或碰撞,使电动机定子的磁体碎裂而卡住转子或者电动机轴与轴之间严重缺油而卡死

转子,均会造成电动机不转。一旦出现这两种情况时,应立即断电,否则会烧毁转子线圈。

②转速不稳。电动机转速不稳的原因较多。例如,因电动机长期运转,致使轴承中的油类润滑剂干涸,转动时机械噪声将明显增大,若用手转动电动机轴,会感到转动不灵活;电动机的换向器或电刷磨损严重,二者不光滑;电子式稳速器中可变电阻的滑动片产生氧化层或松动,与电阻片接触不良;电子稳速电路中起补偿作用的电容开路会使电路产生自激振荡,从而使电动机转速出现忽快忽慢有节奏的变化,出现以上情况均会造成电动机转速不稳。

③电噪声大。电动机在转动过程中产生较大火花,如果电动机的换向器和电刷磨损较严重,二者接触不良,即转子旋转中时接时断,则会产生火花。另外,若换向器上粘上碳粉、金属末等杂物,也会造成电刷与换向器的接触不良,从而产生电火花。

④转动无力。定子永久磁体受振断裂,电动机转子线圈中有个别绕组开路等,都会使电动机转动无力。

(2)修理

①电动机轴承浸油。如果确认电动机转速不稳是因其轴承缺油造成的,则应给轴承浸油。具体做法是:将电动机拆下,打开外罩,撬开电动机后盖,抽出电动机转子,用直径 4mm 的平头钢冲子冲下电动机壳上以及后盖上的轴承。然后用纯净的汽油洗刷轴承,尤其要对轴承内孔仔细清洗。清洗后要将轴承擦干,在纯净的钟表润滑油中浸泡一段时间。在对轴承浸油的同时,可利用无水酒精将转子上的换向器和后盖上的电刷都清洗一下,最后复原。

②换向器和电刷的修理。如果出现严重电火花,则应检查换向器和电刷的磨损情况,并修理。

修理换向器。打开电动机壳,将定子抽出,检查换向器的磨损程度,并进行处理。若换向器的表面有轻微磨损,可将 3mm 宽的条状金相砂纸套在换向器上,转动电动机转子,打磨其表面,直到磨损痕迹消失。若换向器表面磨损严重,出现凹状,则可用 4mm 宽的条状 400 号砂纸套在换向器上,然后将转子卡在小型手电钻上,先粗打磨一遍,待表面较平滑时,再用金相砂纸细磨,可调整电刷与换向器的相对位置,避开磨损部位。另外,有些电动机在放音中转速正常,只是产生火花,干扰放大器。这种现象很可能是由于换向器上粘上碳粉、金属末等杂物,造成电刷与换向器之间接触不良而引起的,可用提高转速法试排除。具体方法是:将电动机上的传动带摘除,对电动机加上较高的直流电源,让其高速转 1min。若是电子稳速电动机,则可以加上 12~15V 电压。电动机旋转时间可以根据实际情况而定,可长可短。这样做的目的是利用电动机作高速旋转时产生的离心力作用,将换向器上的杂物甩掉。

修理电刷。电动机里的电刷有两种,一种碳刷,另一种是弹性片。碳刷磨损后,使弧形工作面与换向器接触紧密,两者之间某处有间隙,这时用小什锦圆锉锉边修整圆弧面边靠在换向器上试验,直至整个圆弧面都与换向器紧密接触为止。另外,在碳质电刷架的背面都粘有一条橡胶块,其作用是加强电刷的弹性。使用中,若该橡胶块脱落或局部开胶,都会使电刷弹性减小,从而使电刷对换向器的压力减小,接触也就不紧密。遇此情况,用胶水将橡胶块按原位粘牢即可。对于弹性片电刷,常出现的问题主要是刷面不平整,有弯曲的地方,只要用镊子将其拉直矫正并且使两个电刷互相靠近即可修复。

注意,按上述的方法对换向器以及电刷修整后,一定要仔细进行清洗,尤其是换向器上的几个互不接触的弧形钢片之间的槽里要用钢材剔除粉末杂物,否则电动机将不能正常工作。

电动机开路性故障的修复。经过检测,如果发现电动机有开路性故障,在一般情况下是可以修复的,因为电动机开路通常多是由换向器上的焊点脱焊离心式稳速开关上的焊点脱焊以及电子式稳速器中晶体管开路(管脚脱焊或损坏)造成的。可针对实际情况进行修理。如果是焊点脱焊,可重新焊好;如果是晶体管损坏,应将其更换。

电动机短路性故障的修理。对于电动机线圈内部的短路性故障多采用更换法进行修复。

问 18. 什么是永磁同步电动机?

永磁式同步电动机具有体积小,结构紧凑,耗电省,工作稳定,转动平稳,输出力矩大和供电电压高、低变化对其转速无影响等优点。图 16-16 所示为永磁同步电动机的结构图,它由减速齿轮箱和电动机两部分构成。电动机由前壳、永磁转子、定子、定子绕组、主轴和后壳等组成。前壳和后壳均选用 0.8mm 厚的 08F 结构钢板经拉伸冲压而成,壳体按一定角度和排列冲出 6 个辐射状的极爪,嵌装后上、下极爪互相错开构成一个定子,定子绕组套在极爪外。后壳中央铆有一根直径为 $\phi1.6mm$ 的不锈钢主轴,主要作用固定转子转动。永磁转子采用铁氧体(YIOT)

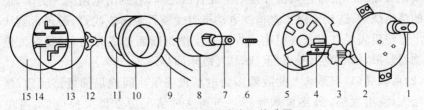

图 16-16　永磁同步电机构造图

1. 输出轴　2. 端盖　3. 减速齿轮组　4. 齿轮组　5. 前壳　6. 止推弹簧　7. 转子齿轮　8. 永磁转子
9. 电源引线　10. 绕组骨架　11. 定子绕组　12. 三爪压片　13. 极爪　14. 主轴　15. 后壳

粉末加入黏合剂经压制烧结而成,表面均匀地充磁 2P＝12 极,并使 N、S 磁极交错排列在转子圆周上,永磁磁场强度通常在 0.07～0.08T。组装时,先将定子绕组嵌入后壳内,采用冲铆方式铆牢电动机。

问 19. 什么是小型罩极式电动机?

罩极式电动机的构造如图 16-17 所示,主要由定子、定子绕组、罩极、转子、支架等构成。通入 220V 交流电,定子铁心产生交变磁场,罩极也产生一个感应电流,以阻止该部分磁场的变化。罩极的磁极磁场在时间上总滞后于嵌放罩极环处的磁极磁场,结果使转子产生感应电流而获得启动转矩,从而驱动蜗轮式风叶转动。

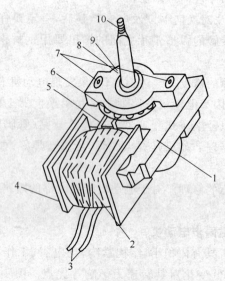

图 16-17　罩极式电动机的构造

1. 定子　2. 定子绕组　3. 引线　4. 骨架　5. 罩极(短路环) 6. 转子　7. 紧固螺钉
8. 支架　9. 转轴　10. 螺杆

问 20. 怎样检测维修小型罩极式电动机?

(1)开路故障　用万用表 R×10 或 R×100 挡测量两引线的电阻,视其电阻大小判断是否损坏。正常电阻值在几十至几百欧之间,若测出电阻为无穷大,说明电动机的绕组烧毁,造成开路。先检查电动机引线是否脱落或脱焊,若正常则故障部位多半是绕组表层齐根处或引出线焊接处受潮折断而造成开路,只要将线包外层绝缘物卷起来,细心找出断头,重新焊牢,故障即排除。

(2)电机冒烟,有焦味　此故障多为电动机绕组匝间或局部短路所致,使电流急剧增大,绕组发热,最终冒烟烧毁。遇到这种情况应立即关掉电源,避免故障扩大。

用万用表 R×10 或 R×100 挡测量两引棒(线)电阻,若比正常电阻低很多,则可判定电动机绕组局部短路或烧毁。维修步骤如下。

①先将电动机的固定螺钉拧出,拆下电机。

②拆下电动机架螺钉,使支架脱离定子,取出转子(注意,转子轴直径细而长,卸后要保管好,切忌弄弯)。

③找两块质地较硬的木板垫在定子铁心两旁,再用台虎钳夹紧木板,用尖形铜棒轮换顶住弧形铁心两端,用铁锤敲打铜棒尾端,直至将弧形铁心绕组组件冲出。

④用两块硬木板垫在线包骨架一端的铁心两旁,用上述的方法将弧形铁心冲出。

⑤将骨架内的废线、浸渍物清理干净,利用原有的骨架进行绕线。如果拆出的骨架已严重损坏无法复用时,可自行粘制一个骨架,将骨架套在绕线机轴中,两端用锥顶、锁母夹紧,按原先匝数绕线。线包绕好后,再在外层包扎 2~3 层牛皮纸作为线包外层绝缘。

⑥把弧形铁心嵌入绕组骨架内,经驱潮浸漆烘干后再回定子铁心弧槽内。

⑦用万用表复测绕组电阻,若正常,绕组与铁心无短路。空载通电试转一段时间,手摸铁心温升正常,说明电动机修好。将电动机嵌回原位,用螺钉拧紧即可恢复正常使用。

有时电动机经过拆装,特别是拆装多次,定子弧形槽与弧形铁心配合间隙会增大,电动机运转时会发出"嗡嗡"声,此时可在其间隙处滴入几滴熔融沥青,凝固后,噪声便消除。

(3)电动机启动困难　电动机启动困难多半是罩极环焊接不牢形成开路,导致电动机启动力矩不足。

维修时用万用表 AC250V 挡测量电动机两端引线电压,220V 为正常;再用电阻挡测量单相绕组电阻,如也正常,再用手拨动一下风叶,若转动自如,故障原因多半是四个罩极环中有一个接口开路。将电动机拆下来,细心检查罩极环端口即可发现开路处。

第 17 章　检测元件所用电子仪表

问 1. 什么是机械万用表？怎样使用？

(1)机械式万用表结构

普通机械式万用表由表头(磁电式)、挡位转换开关、机械调零装置、调零电位器、表笔、插座等构成。按旋转开关的形式可分为两类：一类为单旋转开关型，如MF201 型、MF91 型、MF47 型、MF500 型等；另一类为双旋转开关型，代表型号为MF500 型。图 17-1 所示为常用万用表的外形图。

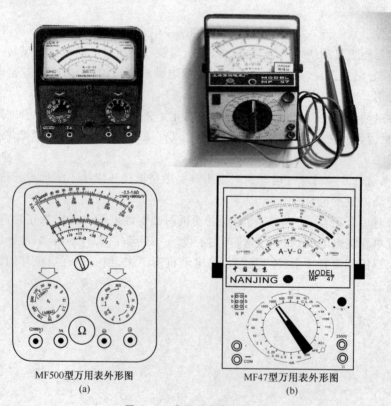

MF500型万用表外形图
(a)

MF47型万用表外形图
(b)

图 17-1　常用万用表的外形图

以 MF47 型万用表为例。MF47 型万用表的外形如图 17-1b 所示。

①电路部分。万用表由五部分电路组成，它们分别是表头或表头电路，用于指示测量结果；分压电路，用于测量交、直流电压；分流电路，用于测量直流电流；电池

调零电位器;用于测量电阻;测量选择电路,用于选择挡位量程。

②表头。表头采用磁电式微安表作为表头。表头的内部由上下游丝及磁铁等组成。当微小的电流通过表头时,会产生电磁感应,线圈在磁场的作用下转动,并带动指针偏转。指针偏转角度的大小取决于通过表头电流的大小。由于表头线圈的线径比较细,所以允许通过的电流很小。实际应用中为了能够满足较大量程的需要,在万用表内部设有分流及降压电路来完成对各种物理量的测量。

③表盘。图 17-1b 所示,第一条刻度线为电阻挡的读数,它的右端为"0",左端为"∞(无穷大)",且刻度线是不均匀的,读数时应该从右向左读,即表针越靠近左端阻值越大。第二、三条线是交流电压、直流电压及各直流电流的读数,左端为"0",右端为最大读数。根据量程转换开关的不同,即使表针摆到同一位置时,其所指示的电压、电流的数值也不相同。第四条是交流电压读数线,是为了提高小电压读数的精度而设置的。第五条线是测晶体管放大倍数(h_{FE})的。第六、七条线分别是测量负载电流和负载电压的读数线。第八条线为音频电平(dB)的读数线。

MF47 型万用表设有反光镜片,可减小视觉误差。

④转换开关的读数。

测量电阻:转换开关拨至 R×1~R×10k 挡位。

测交流电压:转换开关拨至 10~1000V 挡位。

测直流电压:转换开关拨至 0.25~1000V 挡位。若测高电压,则将笔插入 2500V 插孔即可。

测直流电流:转换开关拨至 0.25~250mA 挡位。若测量大的电流,应把"正"(红)表笔插入"+5A"孔内,此时"负"(黑)表笔还应插在原来的位置。

测晶体管放大倍数,挡位开关先拨至 ADJ 调整调零,使指针指向右边零位,再将挡位开关拨至 h_{FE} 挡,将晶体管插入 NPN 或 PNP 插座,读第五条线的数值,即为 2 极放大倍灵敏值。

音频电平 dB 的测量应该使用交流电压挡。

(2)万用表的使用

①使用万用表之前,应先注意表针是否指在"∞(无穷大)"的位置,如果表针未正对此位置,应用螺钉旋具调整机械调零钮,使表针正对无穷大的位置。注意:此调零钮只能微调半圈,否则可能会损坏,以致无法调整。

②在测量前,应首先明确测试的物理量,并将转换开关拨至相应的挡位上,同时还要考虑好表笔的接法;然后再进行测试,以免因误操作而造成万用表的损坏。

③测电阻。在使用电阻各不同量程之前,都应先将正负表笔对接,调整"调零电位器",否则测得的阻值误差太大。

注意:每换一次挡,都要进行一次调零。

电阻值的读法:将开关所指的数与表盘上的读数相乘,就是被测电阻的阻值。例如:用 R×100 挡测量一只电阻,表针指在"10"的位置,那么这只电阻的阻值是 $10×100Ω=1000Ω=1kΩ$;如果表针指在"1"的位置,其电阻值为 $100Ω$;若指在"100",则为 $10\ kΩ$;以此类推。

④测电压。电压测量时,将万用表调到电压挡,并将两表笔并联在电路中进行测量。测量交流电压时,表笔可以不分正负极;测量直流电压时,红表笔接电源的正极,黑表笔接电源的负极,如果接反,表笔会向相反的方向摆动。如果测量前不能估测出被测电路电压的大小,应用较大的量程去试测,如果表针摆动很小,再将转换开关拨到较小量程的位置;如果表针迅速摆到零位,则应该马上把表笔从电路中移开,加大量程后再去测量。

注意:测量电压时,应一边观察表针的摆动情况,另一边用表笔试着进行测量,以防电压太高把表针打弯或把万用表烧毁。

⑤测直流电流。将表笔串联在电路中进行测量(将电路断开)。红表笔接电路的正极,黑表笔接电路中的负极。测量时应该先用高挡位,如果表针摆动很小,再换低挡位。如需测量大电流,应该用扩展挡。注意:万用表的电流挡是最容易被烧毁的,在测量时千万注意。

⑥晶体管放大倍数(h_{FE})的测量:先把转换开关转到 ADJ 挡(无 ADJ 挡位,其他型号表面可用 R×1kΩ 挡),再把转换开关转到 hFE 进行测量。将晶体管的 b、c、e 三个级分别插入万用表上的 b、c、e 三个插孔内,PNP 型晶体管插 PNP 位置,读第四条刻度线上的数值;NPN 型晶体管插入 NPN 位置,读第五条刻度线的数值;均按实数读。

⑦穿透电流的测量。按照"晶体管放大倍数(h_{FE})的测量"方法将晶体管插入对应的孔内,但晶体管的 b 极不插入,这时表针将有一个很小的摆动。根据表针摆动的大小来估测穿透电流的大小,表针摆动幅度越大,穿透电流越大。

由于万用表 CUF、LUH 刻度线及 dB 刻度线应用得很少,在此不再赘述,可参见使用说明。

(3)万用表使用注意事项

①不能在正负表笔对接时或测量时旋转转换开关,以免旋转到 h_{FE} 挡位时,表针迅速摆动,将表针打弯,并且有可能烧毁表。

②在测量电压、电流时,应该选用大量程的挡位测量一下,再选择合适的量程去测量。

③不能在通电的状态下测量电阻,否则会烧坏万用表。测量电阻时,应断开电阻的一端进行测试,以提高准确度,测试完毕后再恢复。

④每次使用完万用表,都应该将转换开关调到交流最高挡位,以防止由于第二

次使用不注意或外行人乱动烧坏万用表。

⑤在每次测量之前,应该先看转换开关的挡位。严禁不看挡位就进行测量损坏万用表,要养成良好习惯。

⑥万用表不能受到剧烈振动,否则会使万用表的灵敏度下降。

⑦使用万用表时应远离磁场,以免影响表的性能。

⑧万用表长期不使用时,应该把表内的电池取出,以免腐蚀表内的元器件。

问 2. 什么是数字万用表? 怎样使用?

数字万用表是利用模拟/数字转换原理,将被测量模拟电量参数转换成数字电量参数,并以数字形式显示的一种仪表。它比指针式万用表的精度高、速度快、输入阻抗高、对电路的影响小、读数方便准确等优点。图 17-2 所示为数字万用表的外形图。

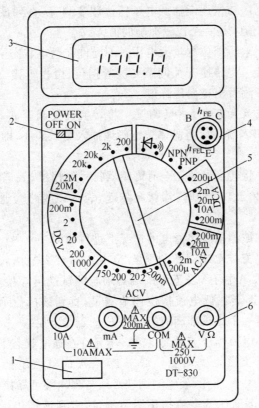

图 17-2 数字万用表的外形图

1. 铭牌 2. 电源开关 3. LCD 显示器 4. h_{FE} 插孔 5. 量程选择开关 6. 输入插孔

首先打开电源,将黑表笔插入 COM 插孔,红表笔插入 V·Ω 插孔。

(1)电阻测量 将转换开关调节到欧姆挡,将表笔测量端接于电阻两端,即可显示相应示值,如显示最大值"1"(溢出符号)时,则必须向高电阻值挡位调整,直到显示为有效值为止。

为了保证测量的准确性,在路测量电阻时,最好断开电阻的一端,以免在测量电阻时会在电路中形成回路,影响测量结果。

注意:不允许在通电的情况下进行在线测量,测量前必须先切断电源,并将大容量电容放电。

(2)"DCV"——直流电压测量　表笔测试端必须与测试端可靠接触(并联测量)。原则上由高电压挡位逐渐往低电压挡位调节测量,直到该挡位示值的 $1/3\sim2/3$ 为止,此时的示值才是一个比较准确的值。

注意:严禁以小电压挡位测量大电压。不允许在通电状态下调整转换开关。

(3)"ACV"——交流电压测量　表笔测试端必须与测试端可靠接触(并联测量)。原则上由高电压挡位逐渐往低电压挡位调节测量,直到该挡位示值的 $1/3\sim2/3$ 为止,此时的示值才是一个比较准确的值。

注意:严禁以小电压挡位测量大电压。不允许在通电状态下调整转换开关。

(4)二极管测量　将转换开关调至二极管挡位,黑表笔接二极管负极,红表笔接二极管正极,即可测量出正向压降值。

(5)晶体管电流放大系数 h_{EF} 的测量　将转换开关调至 h_{FE} 挡,根据被测晶体管选择"PNP"或"NPN"位置,将晶体管正确地插入测试插座,即可测量到晶体管的 h_{FE} 值。

(6)开路检测　将转换开关调至有蜂鸣器符号的挡位,表笔测试端可靠的接触测试点,若两者在 $20\pm10\Omega$,蜂鸣器就会响起,表示该线路为通的,不响则该线路不通。

注意:不允许在被测量电路通电的情况下进行检测。

(7)"DCA"——直流电流测量　测量 200mA 时红表笔插入 mA 插孔;200mA以上时,红表笔插入 A 插孔,表笔测试端必须与测试端可靠接触(串联测量)。原则上由高电流挡位逐渐往低电流挡位调节测量,直到该挡位示值的 $1/3\sim2/3$ 为止,此时的示值才是一个比较准确的值。

注意:严禁以小电流挡位测量大电流。不允许在通电状态下调整转换开关。

(8)"ACA"——交流电流测量　低于 200mA 时红表笔插入 mA 插孔;高于200mA 时红表笔插入 A 插孔,表笔测试端必须与测试端可靠接触(串联测量)。原则上由高电流挡位逐渐往低电流挡位调节测量,直到该挡位示值的 $1/3\sim2/3$ 为止,此时的示值才是一个比较准确的值。

注意:严禁以小电流挡位测量大电流。不允许在通电状态下调整转换开关。

问 3. 什么是钳形电流表? 怎样使用?

钳形电流表的主要部件实际相当于一个穿心式电流互感器,在测量时将钳形电流表的磁铁套在被测导线上,形成 1 匝的一次侧线圈,利用电磁感应原理,二次侧线圈中便会产生感应电流,与二次侧线圈相连的电流表指针便会发生偏转,指示出线路中电流的数值。图 17-3 所示为钳形电流表外形图及测量示意图。

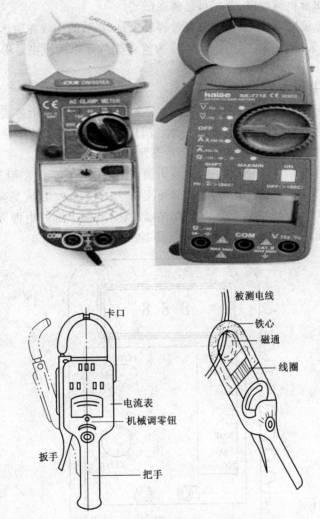

图 17-3　钳形电流表外形图及测量示意图

钳形电流的使用如下。

①在使用钳形电流表时,要正确选择钳形电流表的挡位位置。测量前,根据负载的大小粗估一下电流数值,然后从大挡往小挡切换。换挡时,被测导线要置于钳形电流表卡口之外。

②检查表针在不测量电流时是否指向零位,若未指零,应用小螺丝刀调整表头

上的调零螺栓,使表针指向零位。

③测量电动机电流时,扳开钳口,将一根电源线放在钳口中央位置,然后松手使钳口闭合。如果钳口接触不良,则应检查是否弹簧损坏或有脏污。

④在使用钳形电流表时,要尽量远离强磁场。

⑤测量小电流时,如果钳形电流表量程较大,可将被测导线在钳形电流表口内多绕几圈,然后去读数。实际的电流值应为仪表读数除以导线在钳形电流表上绕的匝数。

问 4. 什么是电容表?怎样使用?

电容广泛应用在各种电路中,要检测电容的容量,就应使用电容表。现在广泛使用的是数字电容表,数字电容表是一种专门用于测量电容量的数字化仪表。数字电容表具有测量范围宽、分辨率高、测量误差小等优点。

本节以常用的 MI-303 型数字电容表为例说明数字电容表的使用及注意事项。图 17-4 所示为 MI-303 型数字电容表,面板上部为三位半 LCD 液晶显示屏,最大显示读数为 1999。面板中部左侧为挡位选择按钮,右侧上部有电源开关,电源开关下面是调零旋钮。面板下部为被测电容器插孔,左负右正。

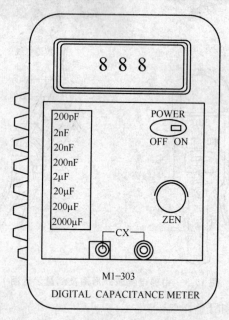

图 17-4　MI-303 型数字电容表

数字电容表使用前应先装电池。电池仓在表的背面,打开电池仓盖,将一枚 9V 层叠电池扣牢在电池扣上并放入电池仓。打开电源开关(POWER),LCD 显示屏应有显示"000"。如 LCD 显示屏显示数不为"000",则应左右缓慢旋转调零旋钮

(ZERO)，直至显示数为"000"。

　　MI-303 型数字电容表可以测量 $0.1pF \sim 2000\mu F$ 的电容量，分为 8 个测量挡位，通过表身左侧的 8 挡按钮开关进行选择，使用时，估计被测电容量的大小选择适当的挡位，只要按下相应的挡位按钮即可显示出电容量。

　　例如：测量 $8.2\mu F$ 电解电容器，挡位选择在"$20\mu F$"挡，读数为"8.26"，即该电容器的实际容量为 $8.26\mu F$。

　　测量无极性电容器时，被测电容器不分正负插入测量插孔。例如：测量 $0.15\mu F$ 电容器时，挡位选择在 $2\mu F$ 挡，读数为"158"，即该电容器的实际容量为 $0.158\mu F$。当显示屏显示数为"1"时，表示显示溢出，说明所选挡位偏小，应换用较大的挡位再进行测量。

　　问 5. 什么是电阻表，怎样使用？

　　兆欧表我们俗称摇表。图 17-5 所示为兆欧表外形图，主要用来测量设备的绝缘电阻，检查设备或线路有无漏电、绝缘损坏或短路现象。

　　兆欧表的使用注意事项如下。

　　①正确选择其电压和测量范围。

　　②选用兆欧表外接导线时，应选用单根的铜导线，绝缘强度要求在 500V 以上，以免影响精确度。

　　③测量电气设备绝缘电阻时，必须先断开设备的电源，在无电情况下测量。对较长的电缆线路，应放电后再测量。

　　④兆欧表在使用时要远离强磁场，并且平放。

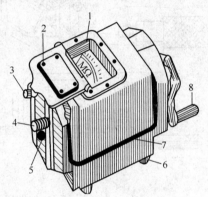

图 17-5　兆欧表外形
1. 刻度盘　2. 盖板　3. 接地接线柱
4. 线路接线柱　5. 保护环接线柱
6. 橡胶底座　7. 提手　8. 摇柄

　　⑤在测量前，兆欧表应先做一次开路试验及短路试验，表针在开路试验中应指到"∞"（无穷大）处，在短路试验中能摆到"0"处，表明兆欧表工作状态正常，方可测电气设备。

　　⑥测量时，应清洁被测电气设备表面，避免引起接触电阻大，测量结果有误差。

　　⑦在测电容器时需注意，电容器的耐压必须大于兆欧表发出的电压值。测完电容后，须先取下摇表线再停止摇动摇把，来防止已充电的电容向摇表放电而损坏。测完的电容要进行放电。

　　⑧图 17-6 所示为兆欧表测量电器线路与电缆示意图。兆欧表在测量时，要注意摇表上 L 端子接电气设备的带电体一端，标有 E 接地的端子应接设备的外壳或

地线。图 17-6a 所示为测量电动机绝缘电阻。在测量电缆的绝缘电阻时,除把兆欧表"接地"端接入电气设备地之外,另一端接线路后,还要再将电缆芯之间的内层绝缘物接"保护环",以消除因表面漏电而引起的读数误差,图 17-6b 所示为测量电缆绝缘电阻。图 17-6c 所示为测线路中的绝缘电阻;图 17-6d 所示为测照明线路绝缘电阻。图 17-6e 所示为测架空线路对地的绝缘电阻。

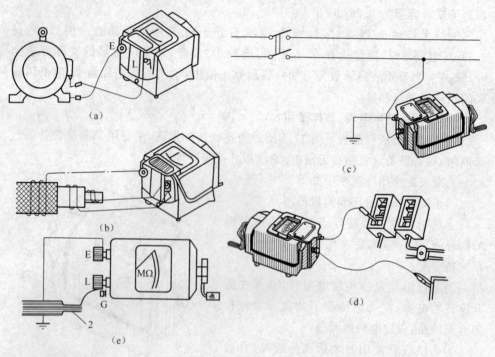

图 17-6　兆欧表测量电器线路与电缆示意图
(a)测量电动机绝缘电阻　(b)测量电缆绝缘电阻　(c)测线路绝缘电阻
(d)测量照明线路绝缘电阻　(e)测量架空线路对地的绝缘电阻

⑨在天气潮湿时,应使用"保护环"以消除绝缘物表面泄流,使被测物绝缘电阻比实际值偏低。

⑩使用完兆欧表后,也应对电气设备进行一次放电。

使用兆欧表时,必须保持一定的转速,按兆欧表的规定,一般为 120r/min 左右,在 1min 后取一稳定读数。测量时不要用手触摸被测物及兆欧表接线柱,以防触电。

摇动兆欧表手柄,应先慢再快,待调速器发生滑动后,应保持转速稳定不变。如果被测电气设备短路,表针摆动到 0 时,应停止摇动手柄,以免兆欧表过流发热烧坏。

注意:在测量额定电压为 500V 以上的电气设备的绝缘电阻时,必须选用

1000～2500V 兆欧表。测量 500V 以下电压的电气设备时,则以选用 500V 摇表为宜。

问 6. 什么是万用电桥? 怎样使用?

万用电桥是利用桥式电路平衡原理制成的仪器,分为直流电桥、交流电桥和交直流电桥三大类,可用来测量电阻值、电容量、电感量、品质因素、损耗因素、阻抗等,适用于测量直流或低频范围内使用的元件,测量精度较高。

现以 QS18A 型万用电桥为例,介绍万用电桥的使用方法。QS18A 型万用电桥是一种便携式交直流电桥,采用一个 9V 叠层电池和 6 节一号 1.5V 电池供电,图 17-7 所示为 QS18A 型万用电桥仪表机板图。

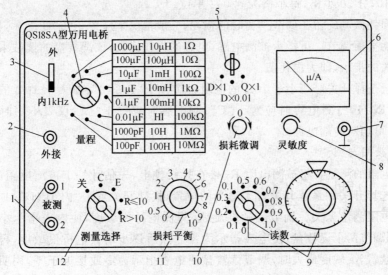

图 17-7 QS18A 型万用电桥仪表机板图

(1)旋钮及开关的作用

①接线柱。它用来连接被测元件,测量时最好将被测元件直接连接在接线柱上,若无法连接,可采用导线连接,导线应尽量短,必要时还应在测量结果中去除导线电阻,在测量有极性元件时,"1"接正极,"2"接负极。

②外接插座。在使用外部音频信号源时,可在波段开关置于"外"时,由插座输入音频信号源;如果在测电容、电感时需外加直流偏置,可从此插座输入。

③拨动开关。在使用电桥内部 1kHz 的振荡信号作为电源时,此开关置于"内1kHz"位置;在使用外接插座输入的信号电源时,此开关置于"外"位置。

④量程选择开关。选择测量范围,各挡的指示值为该挡在测量时的最大值。

⑤损耗倍率开关。它用于扩展损耗平衡的读数范围。一般情况下,测量空芯电感线圈时,置于"Q×1"位置;测量高 Q 值电感线圈和一般小损耗电容时,置于

"D×0.01"位置;测量铁心电感和损耗较大电容时,置于"D×1"位置。

⑥指示电表。它用于指示电桥是否达到平衡。在电桥灵敏度最大时,电表指针指零,说明电桥达到平衡。

⑦电桥机壳接地端。

⑧电桥灵敏度调节旋钮。通过调节放大器的增益实现灵敏度调节,在粗调电桥平衡时,要降低电桥灵敏度,使电表指示小于满刻度,电桥快达到平衡时再逐步增大灵敏度,提高电桥测量的准确度。

⑨读数盘。调节两个读数盘可使电桥平衡,第一位读数盘为步进开关,每挡读数为量程指示的1/10,即0.1单位;第二位读数盘为连续调读数,满刻度为量程指示的1/10,分50小格,每小格为0.002单位。

⑩损耗微调旋钮。调节平衡时的损耗,一般情况下应置于"0"处。

损耗平衡调节。可指示被测电感、电容的损耗读数,该读数盘的读数乘以损耗倍率开关的指示,即为损耗值。

测量选择开关。测小于10Ω的电阻时应置于"R≤10";测大于10Ω的电阻时应置于"R>10";测电容时应置于"C";测电感时应置于"L";仪表不用时应置于"关",即可切断内部电源。

(2)使用与测量

①电阻的测量。将被测电阻R_X接在接线柱上,先估计一下被测电阻的大小,将测量选择开关和量程开关置于适当的位置,拨动开关置于"内1kHz",损耗倍率开关与电阻测量无关。调节灵敏度旋钮,降低电桥灵敏度,使电表指示小于满刻度,分别调节两个读数盘,使电表指示为零。然后逐步增大电桥灵敏度,再调节两个读数盘,当灵敏度最大时,调节读数盘使电表指示为零或接近于零,说明电桥已达到平衡,记下电桥读数盘的读数,根据公式R_X=量程开关指示值×(第一位读数盘读数+第二位读数盘读数),求出被测电阻R_X的值。

例如:量程开关置于100Ω位置,第一位读数盘为0.8,第二位读数盘为0.055,则被测电阻$R_X=100×(0.8+0.055)=85.5\Omega$。

如果不能估计电阻大小,可将电阻接在"被测"接线柱上,第一位读数盘置于"0"处,第二位读数盘置于"0.05"处,量程放任一挡,调节灵敏度使电表指针指在$50\mu A$左右,测量选择开关置于"R>10"或"R≤10",转动量程开关,找出电表指示最小的一挡,固定在该挡,逐步增大电桥灵敏度,调节第二位读数盘,使电表指示最小,这样可测出电阻的大概数值,再根据数值选择合适量程,按照上面电阻的测量过程测出准确数值。

②电容的测量。将被测电容C_X接在接线柱上,拨动开关置于"内1kHz"位置,测量选择开关置于"C"位置,估计一下被测电容容量的大小,量程开关置于适当的

位置,如 560pF 电容,量程开关应置于 1000pF 挡,损耗倍率开关置于"D×0.01"(一般电容)。若为大的电解电容,应置于"D×1",损耗平衡开关置于"1"处,损耗微调旋钮置于"0",调节灵敏度旋钮,使电表指示小于满刻度,先调节电桥的两个读数盘,再调节损耗平衡,使电表指针指零,然后逐步增大电桥灵敏度,反复调节电桥读数盘和损耗平衡,直至灵敏度达到最大时,电表指针指零或接近指零,这时认为电桥已基本达到平衡,记下电桥读数盘读数和损耗平衡指示值,根据公式 C_X = 量程开关读数×(第一位读数盘值+第二位读数盘值)和 D_X = 损耗倍率开关值×损耗平衡指示值,可得出被测电容容量和损耗值。

例如:量程开关为 1000pF,损耗倍率开关于 D×0.01 处,电桥第一位读数盘读数为 0.5,第二位读数盘读数为 0.025,损耗平衡指示为 1.5,则被测电容容量 C_X = 1000×(0.5+0.025) = 525pF;电容的损耗 D_X = 0.01×1.5 = 0.015。

如果不能估计出电容容量和损耗的大小,可将量程开关置于 100pF 处,第一位读数盘置于"0"处,第二位读数盘置于"0.05"处,调节灵敏度使电表指示在 $50\mu A$ 处,再转动量程开关,观察电表指示。若调到某一量程处时电表指示最小,则停在该挡,调节第二位读数盘使电表指示指零,然后逐步增大电桥灵敏度,分别调节损耗平衡和第二位读数盘,使电表指零或接近指零,此时得出电容的粗测值,根据粗测值选择适当量程测出电容准确的容量和损耗。

③电感的测量。将被测电感 L_X 接在"被测"端上,拨动开关置于"内 1kHz"位置,测量选择开关置于"L"位置,估计一下电感的大小。选择适当的量程,根据电感的结构选择损耗倍率开关位置,空芯电感应置于"Q×1"位置;铁心电感应置于"D×1"位置,高 Q 值电感(如磁心电感)应置于"D×0.01"位置,损耗平衡旋钮置于"1"左右,调节电桥灵敏度使电表指示小于满刻度,先调节两个读数盘,后调节损耗平衡,直到电桥灵敏度,达到最大时,电表指针指零或接近于零,即电桥基本达到平衡。记下电桥读数盘的读数和损耗平衡的指示值,根据公式 L_X = 量程开关指示值×(第 1 位读数盘值+第 2 位读数盘值)和 Q_X = 损耗倍率指示值×损耗平衡指示值,求出被测电感的电感量和电感线圈的 Q 值。

例如:量程开关为 100mH,损耗倍率开关为"Q×1",电桥第一位读数盘读数为0.8,第二位读数盘读数为 0.085,损耗平衡指示值为 2.5,则 L_X = 100mH×(0.8+0.085) = 88.5mH;Q_X = 1×2.5 = 2.5。如果损耗倍率开关置于"D×1"或"D×0.01"位置,则 Q 值为 1/D。

如果不能估计出电感的大小时,采用的测量方法与测未知电容基本相同。但测量选择开关置于"L",量程开关置于 $10\mu H$,损耗倍率根据电感结构确定,其他参照测未知电容的步骤进行。